计算机及电子信息类专业新形态系列教材

U0184044

无线传感网络应用
项目化教程

王　浩　王咏梅◎主编

中国铁道出版社有限公司

CHINA RAILWAY PUBLISHING HOUSE CO., LTD.

内 容 简 介

本书以无线传感网络通信应用场景为依托，将必须掌握的无线传感网络通信基本知识与项目设计和实施建立联系，将能力和技能培养贯穿其中。本书根据物联网行业产业对人才的知识和技能要求，设计了七个工程案例教学项目：认识无线传感网络、协调器与终端节点识别、无线传感网络按键控制应用、无线传感网络串口通信应用、无线传感网络温湿度采集应用、无线传感网络光照度采集应用、无线传感网络人体红外采集应用。根据项目实施过程，以任务方式将课程内容的各种实际操作"项目化"，使学生能在较短时间内掌握无线传感网络通信采集和控制技术。

本书既可以作为各级院校物联网技术相关专业的项目化课程教材，也可作为工程技术人员进行物联网、无线传感网络应用考证培训参考书。

图书在版编目（CIP）数据

无线传感网络应用项目化教程/王浩，王咏梅主编. —北京：中国铁道出版社有限公司，2022.8
计算机及电子信息类专业新形态系列教材
ISBN 978-7-113-29472-4

Ⅰ.①无… Ⅱ.①王… ②王… Ⅲ.①无线电通信-传感器-计算机网络-教材 Ⅳ.①TP212

中国版本图书馆CIP数据核字(2022)第132585号

书　　名：无线传感网络应用项目化教程
作　　者：王　浩　王咏梅

策　　划：曹莉群	编辑部电话：（010）51873202	
责任编辑：刘丽丽		
封面设计：刘　莎		
责任校对：孙　玫		
责任印制：樊启鹏		

出版发行：中国铁道出版社有限公司（100054，北京市西城区右安门西街8号）
网　　址：http://www.tdpress.com/51eds/
印　　刷：北京铭成印刷有限公司
版　　次：2022年8月第1版　2022年8月第1次印刷
开　　本：787 mm×1 092 mm　1/16　印张：13.25　字数：280千
书　　号：ISBN 978-7-113-29472-4
定　　价：49.00元

前　言

　　无线传感网络应用是一门实用性很强的专业课程，注重理论知识和实践应用的紧密结合。本书的设计思路是采用任务驱动方式将课程内容实际操作"项目化"，项目化课程强调不仅要给学生知识，而且要通过训练，使学生能够在知识与工作任务之间建立联系。项目化课程的实施将课程的技能目标、学习目标要素贯穿在对工作任务的认识、体验和实施当中，并通过技能训练加以考核和完成。在项目化课程的实施过程中，以项目任务为驱动，强化知识的学习和技能的培养。

　　本书以贴近实际的具体项目为依托，将必须掌握的基本知识与项目设计和实施建立联系，将能力和技能培养贯穿其中。本书根据行业产业对人才的知识和技能要求，设计了七个无线传感网络通信的工程案例教学项目：认识无线传感网络、协调器与终端节点识别、无线传感网络按键控制应用、无线传感网络串口通信应用、无线传感网络温湿度采集应用、无线传感网络光照度采集应用、无线传感网络人体红外采集应用。根据项目实施过程，以任务方式将课程内容的各种实际操作"项目化"，使学生能在较短时间内掌握无线传感网络通信采集和控制技术。

　　本书由苏州健雄职业技术学院王浩和上海市高级技工学校王咏梅担任主编，江苏省江阴中等专业学校招启东、上海中侨职业技术大学赵欣、上海市高级技工学校张雪梅、江苏省江阴中等专业学校施向荣、上海市高级技工学校施玮炯老师担任副主编，参与编写的还有上海杉达学院的隋欣和王莉军老师。参加编写的人员均为学校教学一线的教学骨干，在大家的共同努力下，协作完成了本书的编写工作。

　　本书内容体系完整，案例翔实，叙述风格平实、通俗易懂。书中的所有程序实例已全部通过了无线传感网络实验实训设备验证，该硬件平台是由苏州创彦物联网科技有限公司研制的实验实训设备。学生通过本书的学习，可以快速掌握无线传感网络数据采集和控制应用编程能力，并能提升无线传感网络通信技术应用设计与开发水平。

　　由于编者水平有限，加上无线传感网络通信技术发展日新月异，书中难免存在疏漏之处，敬请广大读者批评指正。

编　者

2022 年 4 月

目　录

项目 1

认识无线传感网络

项目情境

由于智能家居的兴起，现在每个用户家庭里都或多或少有智能家居的存在，无论是音箱、风扇，还是插座、开关都可以变得智能化，这其中最有代表性的通信方式就是 ZigBee 无线传感通信。ZigBee 也称紫蜂，是一种低速短距离传输的无线网上协议，底层采用 IEEE 802.15.4 标准规范的媒体访问层与物理层，主要特色有低速、低耗电、低成本、支持大量网上节点和多种网上拓扑，能实现快速、可靠、安全的通信数据传输。

本项目首先安装 ZigBee 应用开发所需的 IAR 集成开发环境，然后安装 ZigBee 协议栈，接着下载安装设备所需 ZigBee 仿真器的驱动程序，最后完成一个简单的 CC2530 程序调试和运行。

学习目标

知识目标

- 了解 ZigBee 无线通信技术特点
- 掌握 ZigBee 协议栈的组成
- 掌握 ZigBee 开发平台的配置
- 掌握 CC2530 程序编写流程

技能目标

- 会安装 IAR 集成开发环境
- 会安装 ZigBee 协议栈
- 会安装 ZigBee 仿真器的驱动程序
- 会调试和运行 CC2530 程序

任务 1.1 无线传感网络开发平台搭建

 任务描述

随着无线通信技术的发展，短距离无线通信系统具有低成本、低功耗和对等通信

等技术优势，这其中的 ZigBee 无线传感网络是基于 IEEE 802.15.4 技术标准和 ZigBee 网络协议而设计的无线数据传输网络。针对 ZigBee 无线传感网络的 ZStack 协议栈就是符合 ZigBee 协议规范的一个软件平台，它是 ZigBee 协议栈的一个具体实现。对于 ZStack 的整个开发环境 IDE 使用的是 IAR。本次任务主要讲解 IAR 集成开发环境的安装。

 **任务分析**

ZigBee 无线传感网络硬件模块所使用的 CPU 是基于增强型 8051 内核的 CC2530 微控制器，它结合了领先的 RF 收发器，是用于 2.4 GHz IEEE 802.15.4 的 ZigBee 应用的一个片上系统（SoC）解决方案。如果进行 CC2530 的无线传感应用开发，就要先安装 IAR Embedded Workbench 开发环境。它的 C 语言交叉编译器是一款完整、稳定且容易使用的专业嵌入式应用开发工具。IAR 开发的最大优势就是能够直接使用 TI 公司提供的 ZStack 协议栈进行二次开发，开发人员只需要调用相关的 API 接口函数即可。另外 IAR 根据支持的微处理器种类的不同分为许多不同的版本。由于 CC2530 使用的是增强型 8051 内核，所以这里应该选用的版本是 IAR Embedded Workbench for 8051。具体无线传感网络应用开发相关的环境搭建操作包括：

➢ 安装集成开发环境：IAR-EW8051-8101。
➢ 安装仿真器 SmartRF04EB 的驱动程序。

 **操作方法与步骤**

1．IAR 集成开发环境安装

（1）首先双击安装包中的 EW8051-EV-8103-Web.exe，出现图 1-1 所示的安装向导界面，单击 Next 按钮。

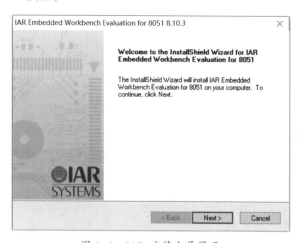

图 1-1　IAR 安装向导界面

（2）当单击 Next 按钮之后，进入图 1-2 所示的接受序列号相关条例对话框，选择相应选项接受许可协议，单击 Next 按钮。

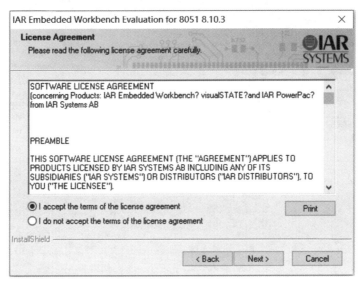

图 1-2　选择接受许可协议

（3）在图 1-3 所示的输入用户信息对话框中，分别填写用户名字及认证序列号，正确填写之后，单击 Next 按钮。

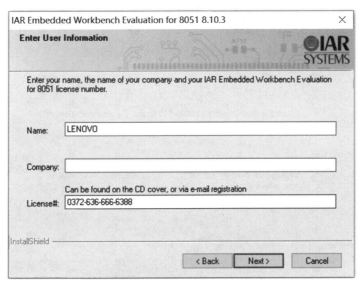

图 1-3　填写用户信息及认证序列号

（4）进入图 1-4 所示的对话框中，输入正确的认证序列号及序列钥匙后，单击 Next 按钮。

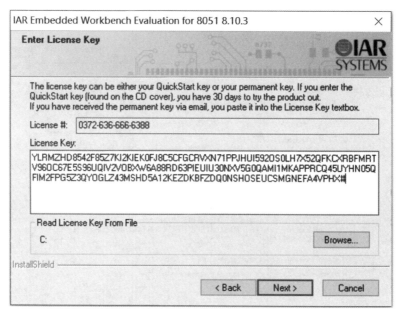

图 1-4　输入认证序列号和序列钥匙

（5）在图 1-5 所示界面中，可以选择完全安装或是自定义安装，这里选择完全安装选项，继续单击 Next 按钮到下一步。

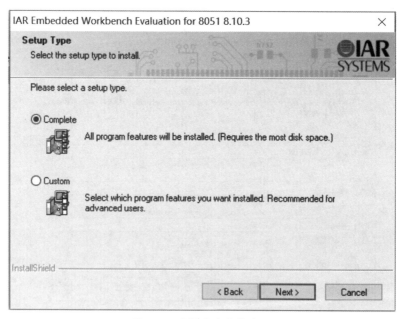

图 1-5　选择完全安装选项

（6）在图 1-6 所示对话框中，选择安装的路径，默认是在 C 盘安装。如果需要修改，单击 Change 按钮即可修改，完成设置之后，单击 Next 按钮。

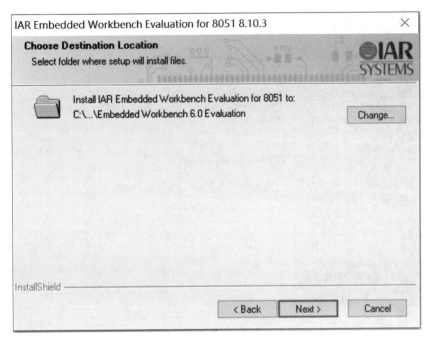

图 1-6　选择安装路径

（7）在图 1-7 所示的对话框中，单击 Install 按钮开始安装。

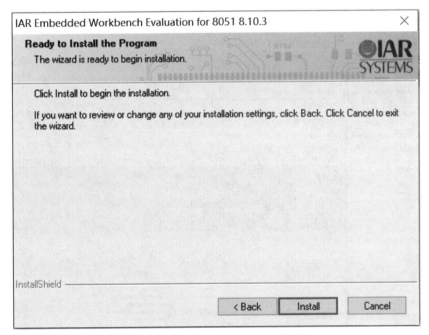

图 1-7　单击 Install 按钮开始安装

（8）安装完成后，显示图 1-8 所示的安装完成界面。单击 Finish 按钮，完成整个 IAR 集成开发环境的安装。

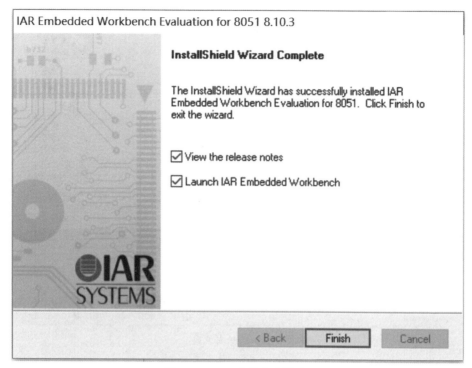

图 1-8　IAR 安装完成界面

（9）完成安装后，可以从"开始"菜单中找到刚刚安装的 IAR 软件，单击 IAR Embedded Workbench 选项，打开 IAR 运行环境，如图 1-9 所示。

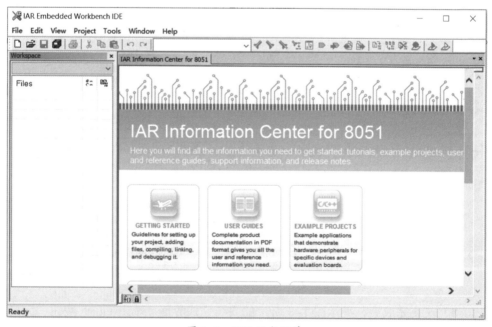

图 1-9　IAR 运行环境

2. 仿真器 SmartRF04EB 的驱动程序安装

ZigBee 开发板在程序的下载、仿真和调试时，需要安装一些必要的驱动程序，如仿真器的驱动程序。ZigBee CC Debugger SmartRF04EB 仿真器如图 1-10 所示，它是用于 TI 低功耗射频片上系统的小型编程器和调试器，可以与前面安装的 IAR 开发平台一起使用，以实现在线调试。

图 1-10　ZigBee CC Debugger 仿真器

（1）这里将 CC Debugger 仿真器通过 USB 线缆插入计算机。第一次使用时，系统将提示找到新硬件，"设备管理器"对话框中会出现图 1-11 所示的图标，这表示没有成功安装仿真器驱动。

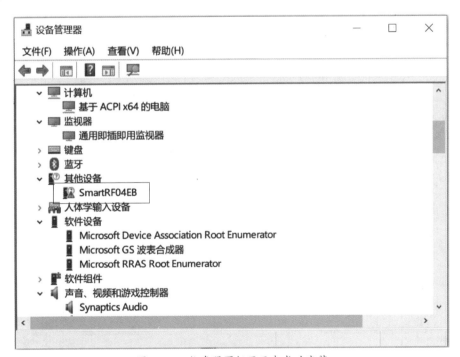

图 1-11　仿真器图标显示未成功安装

（2）右击仿真器图标，在弹出的快捷菜单中选择"更新驱动程序"选项，如图 1-12 所示。

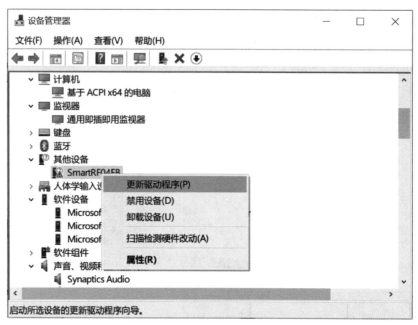

图 1-12　选择"更新驱动程序"选项

（3）进入图 1-13 所示界面，选择"浏览我的计算机以查找驱动程序软件"选项。

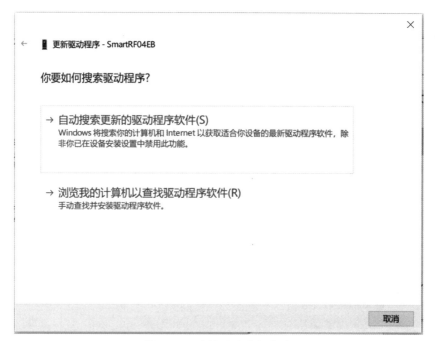

图 1-13　选择驱动更新选项

（4）在图 1-14 所示的界面中，单击"浏览"按钮，选择驱动程序位置选项，单击"下一步"按钮。

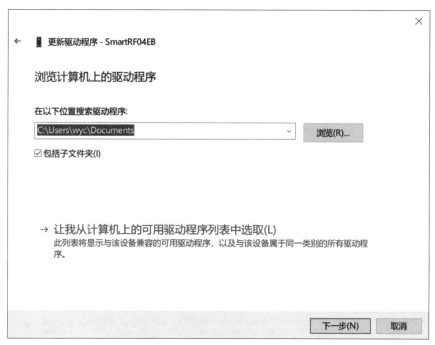

图 1-14　选择浏览驱动程序选项

（5）在图 1-15 所示的对话框中，单击"浏览"按钮，在新打开的对话框中选择 SmartRF04EB 仿真器目录下的 win_64bit_x64 文件夹，单击"下一步"按钮。

图 1-15　选择 SmartRF04EB 仿真器驱动文件目录

（6）当 SmartRF04EB 仿真器驱动安装成功之后，显示图 1-16 所示 Windows 已成功更新驱动程序信息。

图 1-16　SmartRF04EB 仿真器驱动安装成功

（7）当 SmartRF04EB 仿真器驱动安装成功之后，"设备管理器"界面中会显示正常的 SmartRF04EB 仿真器设备图标，如图 1-17 所示。

图 1-17　正常的 SmartRF04EB 仿真器设备图标

任务 1.2　无线传感网络开发平台操作应用

 任务描述

在上一个任务中，通过安装无线传感网络通信应用的 IAR 开发平台和 ZigBee 仿真器驱动程序，实现了无线传感网络应用开发所需的软件开发平台。本次任务通过安装 ZStack 的无线传感网络的具体实现协议栈 ZStack-CC2530-2.5.1a 之后，开发人员通过使用协议栈中相关的函数库来使用这个协议，进而实现无线数据的收发和传输。

任务分析

本书中所开发的无线传感应用项目均采用 TI 公司推出的 ZigBee 2007（也称 ZStack）协议栈进行项目开发，具体的版本为 ZStack-CC2530-2.5.1a（可以从 TI 的官网免费下载）。ZStack 的安装比较简单，安装在默认路径下即可（默认是安装到 C 盘根目录下）。安装完成之后，可以选择 CoordinatorEB（协调器）项，进行简单的代码编写、编译和下载运行。

操作方法与步骤

1. ZStack 协议栈的安装

（1）双击运行 ZStack-CC2530-2.5.1a.exe 协议栈安装程序，出现图 1-18 所示的安装启动界面，单击 Next 按钮。

图 1-18　ZStack 协议栈安装启动界面

（2）进入图 1-19 所示的安装启动界面，选择 ZStack 协议栈所需的安装路径。这里选择默认的安装路径：C:\Texas Instruments\ZStack-CC2530-2.5.1a，单击 Next 按钮。

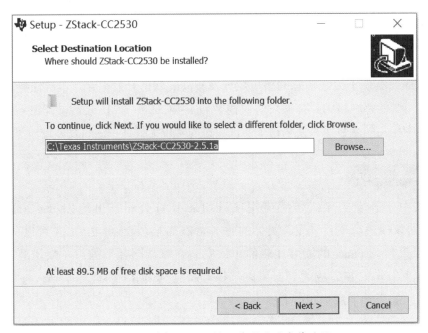

图 1-19　选择 ZStack 协议栈所需的安装路径

（3）安装完成 ZStack 协议栈之后，显示图 1-20 所示安装成功信息，单击 Finish 按钮。

图 1-20　ZStack 协议栈安装完成

2. 打开 ZStack 协议栈工程项目

（1）ZStack 协议栈安装完成之后，打开所在的安装目录 C:\Texas Instruments\ZStack-CC2530-2.5.1a\Projects\zstack\Samples，如图 1-21 所示，可以看到 TI 公司的 ZStack 协议栈提供三种应用开发项目模板。

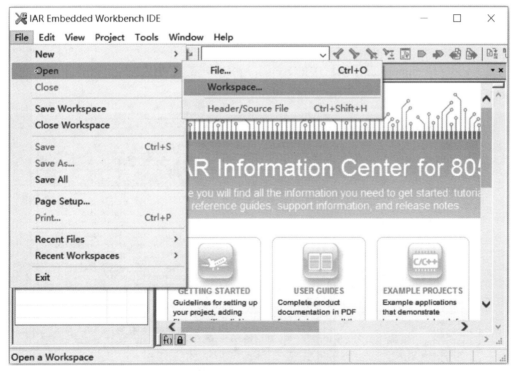

图 1-21　ZStack 协议栈应用开发模板

（2）打开 IAR 开发平台，选择 File → Open → Workspace 选项，如图 1-22 所示。

图 1-22　选择 Workspace 选项

（3）这里选择 Sample 工程项目模板，找到 ZStack 协议栈的 C:\Texas Instruments\ZStack-CC2530-2.5.1a\Projects\zstack\Samples\SampleApp\CC2530DB 目录下的 SampleApp.eww 工程文件，如图 1-23 所示。

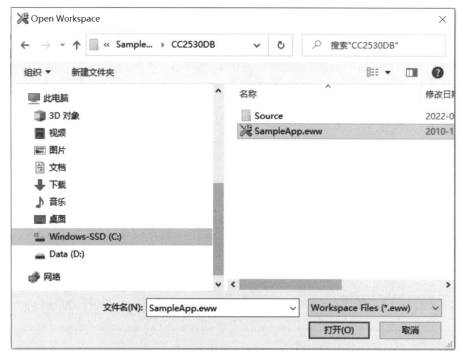

图 1-23　选择 SampleApp.eww 工程文件

（4）选择 Sample 工程项目中的 SampleApp.eww 工程文件之后，打开所对应的协议栈工程项目，如图 1-24 所示。

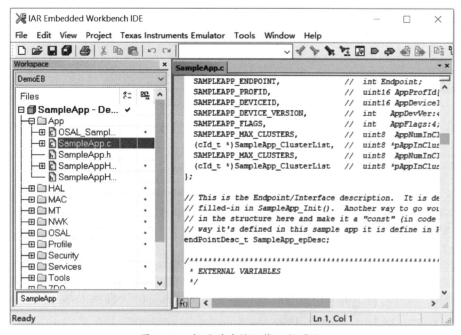

图 1-24　打开对应协议栈工程项目

3. ZStack 协议栈项目代码编写与编译

（1）在 App 应用层初始化函数中，对物联网设备中的 P1.0 和 P1.1 两盏 LED 发光二极管（又称 LED 灯）进行初始化设置，主要功能实现代码如下面代码段中的斜体字部分：

```
void SampleApp_Init( uint8 task_id )
{
  SampleApp_TaskID = task_id;
  SampleApp_NwkState = DEV_INIT;
  SampleApp_TransID = 0;
  P1SEL &= ~0x03;        //设置 P1_0 和 P1_1 引脚为通用 IO 功能
  P1DIR |=0x03;          //设置 P1_0 和 P1_1 引脚为输出功能
  P1_0 = 0;              //初始化低电平熄灭 LED1 灯
  P1_1 = 0;              //初始化高电平熄灭 LED2 灯

  ...

}
```

（2）在 SampleApp_ProcessEvent 的应用层处理事件函数中完成 LED 灯状态改变功能代码。这里实现 P1.0 和 P1.1 引脚连接的两盏 LED 灯点亮，主要功能实现代码如下面代码段中的斜体字部分：

```
uint16 SampleApp_ProcessEvent( uint8 task_id, uint16 events )
{
...
case ZDO_STATE_CHANGE:
    SampleApp_NwkState = (devStates_t)(MSGpkt->hdr.status);
    if ( (SampleApp_NwkState == DEV_ZB_COORD)
      || (SampleApp_NwkState == DEV_ROUTER)
      || (SampleApp_NwkState == DEV_END_DEVICE) )
    {
      P1_0 = 1;     //高电平点亮 LED1 灯
      P1_1 = 1;     //低电平点亮 LED2 灯
    }
    ...
  }
```

（3）右击 SampleApp 选项，在弹出的快捷菜单中选择 Make 选项进行项目编译，如图 1-25 所示。

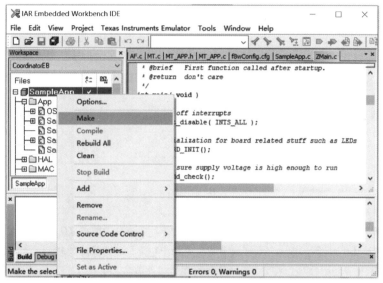

图 1-25　选择 Make 选项

（4）如果源文件没有错误，则此时会在 IAR 集成开发环境的左下角弹出
Messages 窗口。该窗口中显示了源文件的错误和警告信息，如图 1-26 所示。

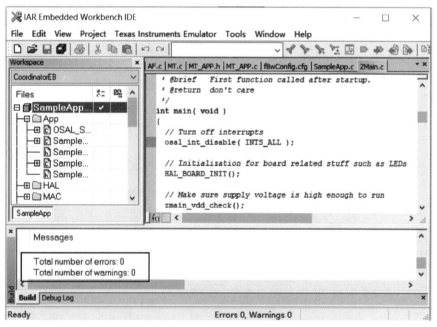

图 1-26　编译完成窗口

4. ZStack 协议栈项目下载

（1）通过 USB 线缆一端连接 CC2530 仿真器接口，另一端连接端的 USB 接口，
再将仿真器的扁型电缆插入协调器模块上的 JTAG 程序下载口，如图 1-27 所示。

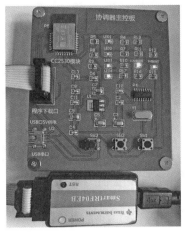

图 1-27　仿真器连接模块 JTAG 程序下载口

（2）单击图 1-28 右上角所示的三角下载按钮，将程序通过 PC 端下载至设备中的 CC2530 模块中。

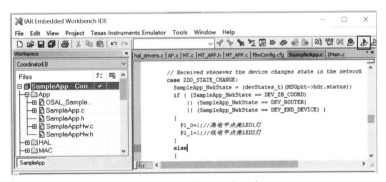

图 1-28　下载协议栈程序

（3）当下载过程中出现图 1-29 所示的界面之后，先单击"全速运行"按钮，再单击打叉按钮，完成整个程序的下载。

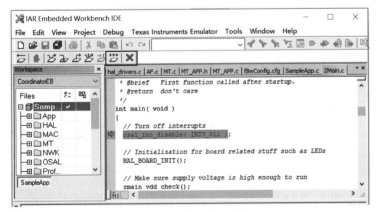

图 1-29　完成程序下载

5. 物联网协调器模块程序运行效果

通过 USB 线缆一端连接物联网设备模块的 USB 接口，另一端连接 PC 端的 USB 接口之后，设备模块加电运行，完成 LED1 灯和 LED2 灯的点亮，如图 1-30 所示。

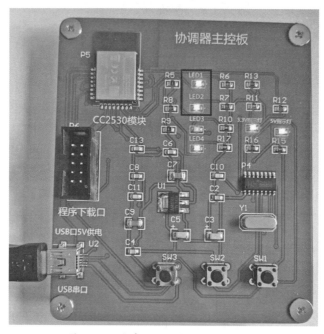

图 1-30　点亮 LED1 和 LED2 两盏灯

拓 展 任 务

任务描述

通过本项目两个任务的操作训练，同学们已经掌握了 IAR 集成开发环境的搭建、ZigBee 协议栈的安装步骤、ZigBee 仿真器的驱动程序安装、ZigBee 开发平台的配置、CC2530 程序调试，了解了 IAR 的协调器节点串口和终端节点的串口通信机制。协调器组建网络成功之后，将终端设备模块加入无线传感网络调器，然后协调器收到之后以广播方式无线发送至终端节点模块，到终端节点模块后，控制两盏 LED 灯的运行和停止操作。

任务要求

（1）控制两盏 LED 灯轮流显示，每个灯之间间隔 500 ms。

（2）控制两盏 LED 灯，一个灯每隔 100 ms 闪烁，一个灯每隔 500 ms 闪烁。

项 目 评 价 表

评价要素		分值	学生自评 30%	项目组互评 20%	教师评分 50%	各项 总分	合计 总分
无线传感网的概念	完成 PPT 制作	10					
	小组展示交流	10					
无线传感网络开发平台搭建	成功安装 IAR 集成开发环境	10					
	成功安装仿真器 SmartRF04EB 的驱动程序	10					
无线传感网络开发平台操作应用	成功安装 ZStack 协议栈	10					
	ZStack 协议栈项目代码编写与编译	10					
	项目调试成功	10					
项目总结报告		10	教师评价				
素质考核	工作操守	5					
	学习态度	5					
	合作与交流	5					
	出勤	5					

学生自评签名：

项目组互评签名：

教师签名：

日期：

日期：

日期：

补充说明：

項目 2

协调器与终端节点识别

项目情境

在常规无线传感通信应用模式中,协调器相当于网关,是 ZigBee 网络整体的核心。每个 ZigBee 网络只能接入一个 ZigBee 的协调器。协调器负责 ZigBee 网络整体的建立、管理,是网络的中心。通过串口的作用,协调器既可以向终端节点发送控制命令,也可以周期性地接收终端节点发送的数据。

本项目首先通过应用层系统事件的触发完成协调器组网点亮 LED 灯,然后终端节点加入协调器组建的无线网络之后,点亮终端节点上的 LED 灯,最后通过系统事件和自定义事件的各自触发,分别完成协调器和终端节点模块上 LED 灯的点亮。

学习目标

知识目标

- 掌握协调器组建无线网络流程
- 掌握终点节点加入协调器网络流程
- 掌握系统事件触发方式
- 掌握自定义事件触发方式

技能目标

- 会使用协调器组网点亮 LED 灯
- 会使用终端节点加入网络点亮 LED 灯
- 会使用系统事件函数的调用
- 会使用触发自定义事件函数的调用

任务 2.1 协调器组网点亮 LED 灯

 **任务描述**

本次任务首先利用物联网教学设备的协调器模块构建无线传感网络,当协调器

20

模块加电运行直到成为协调器网络状态时，触发系统事件产生，最后在系统事件处理函数中点亮协调器上的两盏 LED 灯。

任务分析

物联网教学设备的协调器模块主要包括基于 CC2530 的无线通信模块和 LED 灯。当协调器模块加电启动运行时，CC2530 的无线通信模块开始组建网络；当网络运行状态为协调器网络状态时，调用 osal_set_event 函数触发 SAMPLEAPP_SEND_PERIODIC_MSG_EVT 系统事件产生，从而在 SampleApp_ProcessEvent 系统事件处理函数中，点亮协调器模块上 P1_3 引脚和 P1_4 引脚的两盏 LED 灯，表示当前协调器模块构建无线传感网络，并成为协调器角色，如图 2-1 所示。

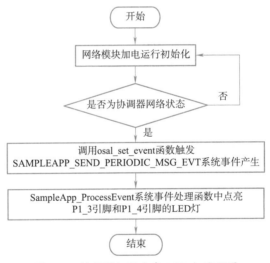

图 2-1 协调器组网点亮 LED 灯流程图

操作方法与步骤

1. 运行 ZStack 协议栈工程项目

（1）打开 IAR Embedded Workbench for 8051 8.10 Evaluation → IAR Embedded Workbench 开发平台，如图 2-2 所示。

（2）选择 File → Open → Workspace 选项，如图 2-3 所示。

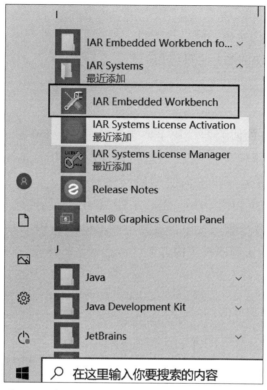

图 2-2　打开 IAR Embedded Workbench 开发平台

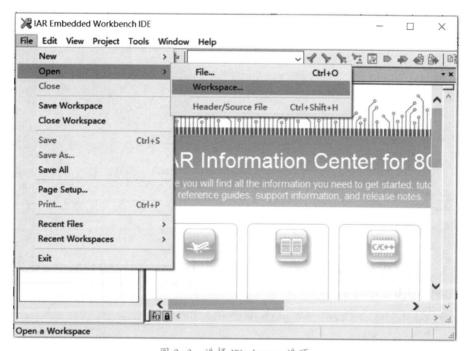

图 2-3　选择 Workspace 选项

（3）打开目录 D:\Zigbee_code\ZStack-CC2530-2.5.1a_2.1\Projects\zstack\Samples\SampleApp\CC2530DB 里面的 SampleApp.eww 工程文件，如图 2-4 所示。

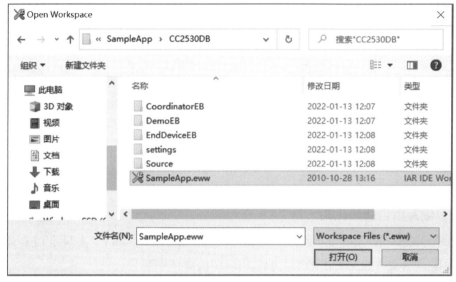

图 2-4　打开 SampleApp.eww 工程文件

（4）在图 2-5 所示界面左侧的 Workspace 项的下拉列表中选择 CoordinatorEB 选项之后，打开 SampleApp.c 文件，界面右侧所示所有代码均为协调器节点服务。

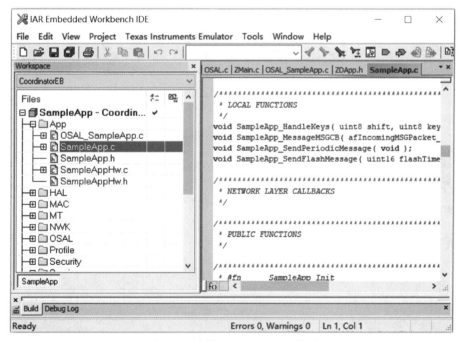

图 2-5　选择 CoordinatorEB 选项

2. 协调器模块 LED 灯硬件电路

协调器模块上 CC2530 通信模块的 P1_3 引脚连接 LED3 发光二极管, P1_4 引脚连接另一个 LED4 发光二极管, 通过输出高低电平可以点亮或者熄灭 LED 灯, 如图 2-6 所示。

视 频
项目2 协调器
组网点亮LED
灯视频2

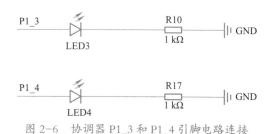

图 2-6 协调器 P1_3 和 P1_4 引脚电路连接

3. 编写项目功能代码

（1）在 SampleApp_Init 函数中完成物联网设备中 P1_3 和 P1_4 两盏 LED 灯的初始化操作, 主要功能实现代码如下面代码段中的斜体字部分:

```
void SampleApp_Init( uint8 task_id )
{
  SampleApp_TaskID = task_id;
  SampleApp_NwkState = DEV_INIT;
  SampleApp_TransID = 0;
    P1SEL &=~0x18;     //设置 P1_3 和 P1_4 引脚为通用 IO 功能
    P1DIR |=0x18;      //设置 P1_3 和 P1_4 引脚为输出功能
    P1_3=0;     //初始化低电平熄灭 LED3 灯
    P1_4=0;     //初始化低电平熄灭 LED4 灯
    ...
}
```

（2）调用 osal_set_event(SDApp_TaskID,SDApp_SEND_MSG_EVT) 函数触发 SAMPLEAPP_SEND_PERIODIC_MSG_EVT 系统事件, 主要功能实现代码如下面代码段中的斜体字部分:

```
uint16 SampleApp_ProcessEvent( uint8 task_id, uint16 events )
{
  afIncomingMSGPacket_t *MSGpkt;
  (void)task_id;  // Intentionally unreferenced parameter
  if ( events & SYS_EVENT_MSG )
  {
    MSGpkt=(afIncomingMSGPacket_t *)osal_msg_receive(SampleApp_TaskID);
```

```
    while(MSGpkt)
    {
      switch ( MSGpkt->hdr.event )
      {
        ...
        case ZDO_STATE_CHANGE:
          SampleApp_NwkState = (devStates_t)(MSGpkt->hdr.status);
          if (SampleApp_NwkState == DEV_ZB_COORD)
          {
          osal_set_event(SampleApp_TaskID,SAMPLEAPP_SEND_PERIODIC_
          MSG_EVT);
          }
          break;
        default:
          break;
      }
      osal_msg_deallocate( (uint8 *)MSGpkt );
      MSGpkt = (afIncomingMSGPacket_t *)osal_msg_receive( Sample
App_TaskID );
    }
    return (events ^ SYS_EVENT_MSG);
  }
  return 0;
}
```

（3）在 SampleApp_ProcessEvent 系统事件处理函数中，将 P1_3 引脚和 P1_4 引脚所对应的 LED 灯点亮，主要功能实现代码如下面代码段中的斜体字部分：

```
uint16 SampleApp_ProcessEvent( uint8 task_id, uint16 events )
{
  afIncomingMSGPacket_t *MSGpkt;
  (void)task_id;  // Intentionally unreferenced parameter
  ...
  if ( events & SAMPLEAPP_SEND_PERIODIC_MSG_EVT )
  {
    P1_3=1;      //高电平点亮 P1_3 灯
    P1_4=1;      //高电平点亮 P1_4 灯
    // return unprocessed events
    return (events ^ SAMPLEAPP_SEND_PERIODIC_MSG_EVT);
  }
}
```

4. 下载程序至协调器模块

（1）通过 USB 线缆一端连接 CC2530 仿真器接口，另一端连接 PC 端的 USB 接口，再将仿真器的扁型电缆插入协调器模块上的 JTAG 程序下载口，如图 2-7 所示。

图 2-7 仿真器连接模块 JTAG 程序下载口

（2）单击图 2-8 所示的三角下载按钮 ，将程序通过 PC 端下载至设备中的 CC2530 模块中。

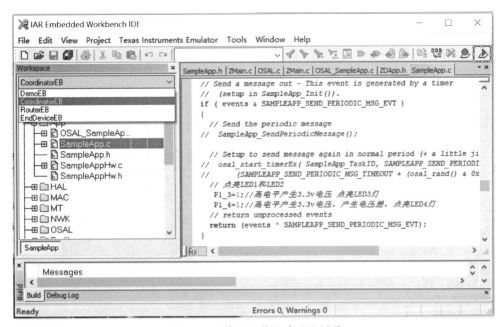

图 2-8 下载协议栈程序至协调器

（3）当下载过程中出现图 2-9 所示的界面之后，先单击"全速运行"按钮，再单击打叉按钮 ，完成整个程序的下载。

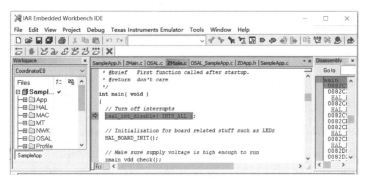

图 2-9　完成程序下载

5. 物联网协调器模块程序运行效果

通过 USB 线缆一端连接物联网设备协调器模块的 USB 接口，另一端连接 PC 端的 USB 接口之后，设备模块加电运行，如图 2-10 所示，协调器组网成功点亮 LED3 和 LED4 灯。

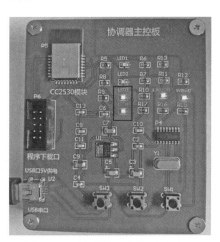

图 2-10　协调器组网运行成功

任务 2.2　终端节点加入网络点亮 LED 灯

任务描述

在上一个任务中，通过协调器模块加电启动运行组建无线传感网络，并将协调器模块网络状态变成协调器角色，从而点亮协调器模块上的 LED 灯。本次任务在协调器组建网络成功之后，将终端设备模块加入无线传感网络，当网络状态变成终端节点角色之后，点亮终端模块上的一盏 LED 灯，这样就代表终端设备模块成功加入协调器组建的无线传感网络，成为终端节点角色。

![任务分析]

物联网教学设备的协调器模块主要包括基于 CC2530 的无线通信模块和 LED 灯，同时终端设备模块包括相关传感器和控制机构。一方面当协调器模块加电启动运行时，CC2530 的无线通信模块开始组建网络，当网络运行状态为协调器网络状态时，表示协调器模块已成为协调器角色，这时将调用 osal_start_timerEx 定时器函数触发 SAMPLEAPP_SEND_PERIODIC_MSG_EVT 系统事件产生，从而在 SampleApp_ProcessEvent 系统事件处理函数中点亮协调器上一盏 LED 灯，表示当前协调器模块构建无线传感网络，并成为协调器角色。另一方面将终端设备模块加电加入无线传感网络，当网络状态变成终端节点角色之后，调用 osal_start_timerEx 定时器函数触发 SAMPLEAPP_SEND_PERIODIC_MSG_EVT 系统事件产生，从而在 SampleApp_ProcessEvent 系统事件处理函数中，点亮终端节点模块上的一盏 LED 灯，代表终端设备模块成功加入协调器组建的无线传感网络，如图 2-11 所示。

视频

项目2 终端节点加入网络点亮LED灯视频1

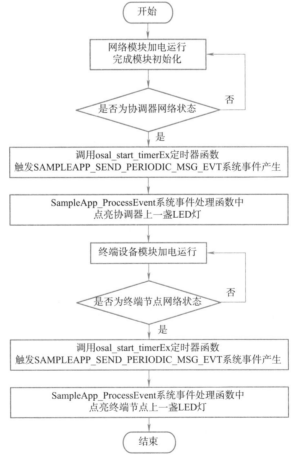

图 2-11　终端设备加入无线传感网络点亮 LED 灯流程图

操作方法与步骤

1. 运行 ZStack 协议栈工程项目

（1）打开 IAR Embedded Workbench for 8051 8.10 Evaluation → IAR Embedded Workbench 开发平台，如图 2-12 所示。

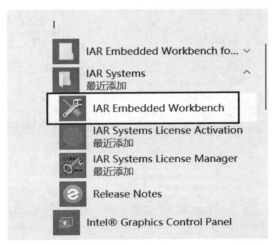

图 2-12　打开 IAR Embedded Workbench 开发平台

（2）选择 File → Open → Workspace 选项，如图 2-13 所示。

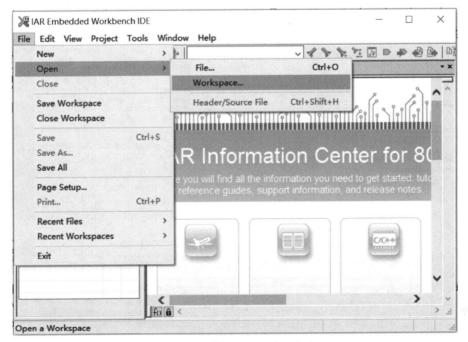

图 2-13　选择 Workspace 选项

（3）打开目录 D:\Zigbee_code\ZStack−CC2530−2.5.1a_2.2\Projects\zstack\Samples\ SampleApp\CC2530DB 里面的 SampleApp.eww 工程文件，如图 2−14 所示。

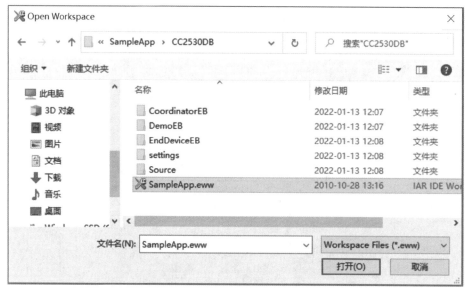

图 2−14　打开 SampleApp.eww 工程文件

（4）在图 2−15 所示界面左侧的 Workspace 项工程栏中选择 CoordinatorEB 选项，打开 SampleApp.c 文件，可以选择下拉列表中的协调器或者终端节点角色。

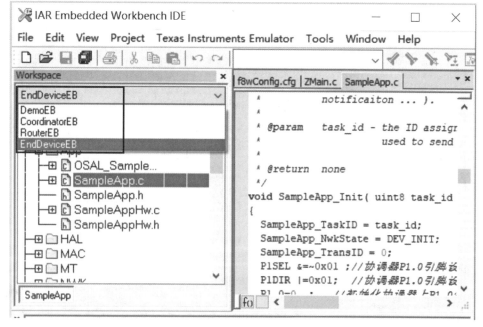

图 2−15　选择 CoordinatorEB 选项

2. 协调器模块和终端模块的 LED 灯硬件电路

（1）协调器模块上 CC2530 通信模块的 P1_0 引脚连接 LED1 灯，通过输出高低电平可以点亮或者熄灭 LED 灯，如图 2-16 所示。

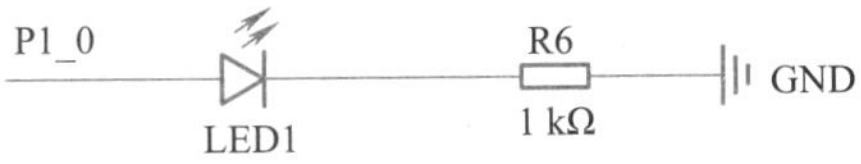

图 2-16　协调器 P1_0 引脚电路连接

（2）终端模块上 CC2530 通信模块的 P1_5 引脚连接 LED 灯，通过输出高低电平可以点亮或者熄灭 LED 灯，如图 2-17 所示。

图 2-17　终端模块 P1_5 引脚电路连接

3. 编写项目功能代码

（1）在 SampleApp_Init 函数中初始化协调器 P1_0 引脚 LED 灯和终端模块 P1_5 引脚 LED 灯，使之熄灭，主要功能实现代码如下面代码段中的斜体字部分：

```
void SampleApp_Init( uint8 task_id )
{
  SampleApp_TaskID = task_id;
  SampleApp_NwkState = DEV_INIT;
  SampleApp_TransID = 0;
  P1SEL &= ~0x21 ;       //协调器 P1_0 引脚和终端模块 P1_5 引脚设置通用 IO 功能
  P1DIR |= 0x21;         //协调器 P1_0 引脚和终端模块 P1_5 引脚设置输出方向功能
  P1_0 = 0 ;             //初始化协调器上 P1_0 灯熄灭
  P1_5 = 0;              //初始化终端模块低电平熄灭 P1_5 灯
  ...
}
```

（2）协调器模块和终端模块根据网络状态的改变都分别调用 osal_start_timerEx 定时器函数触发 SAMPLEAPP_SEND_PERIODIC_MSG_EVT 系统事件，主要功能实现代码如下面代码段中的斜体字部分：

```
uint16 SampleApp_ProcessEvent( uint8 task_id, uint16 events )
{
  afIncomingMSGPacket_t *MSGpkt;
  (void)task_id;  // Intentionally unreferenced parameter
```

```
   if ( events & SYS_EVENT_MSG )
   {
     MSGpkt = (afIncomingMSGPacket_t *)osal_msg_receive( SampleApp_
  TaskID );
     while ( MSGpkt )
     {
       switch ( MSGpkt->hdr.event )
       {
         ...
         case ZDO_STATE_CHANGE:
           SampleApp_NwkState = (devStates_t)(MSGpkt->hdr.status);
           if (SampleApp_NwkState == DEV_ZB_COORD)
           {
              osal_start_timerEx( SampleApp_TaskID,
                              SAMPLEAPP_SEND_PERIODIC_MSG_EVT,
                              SAMPLEAPP_SEND_PERIODIC_MSG_TIMEOUT );
           }
           if (SampleApp_NwkState == DEV_END_DEVICE)
           {
              osal_start_timerEx( SampleApp_TaskID,
                              SAMPLEAPP_SEND_PERIODIC_MSG_EVT,
                              SAMPLEAPP_SEND_PERIODIC_MSG_TIMEOUT );
           }
           break;
         default:
           break;
       }
       osal_msg_deallocate( (uint8 *)MSGpkt );
       MSGpkt = (afIncomingMSGPacket_t *)osal_msg_receive( Sample
  App_TaskID );
     }
     return (events ^ SYS_EVENT_MSG);
   }
   return 0;
}
```

（3）在 SampleApp_ProcessEvent 系统事件处理函数中，将协调器引脚所对应的 P1_0 和终端节点的 P1_5 的 LED 灯点亮，主要功能实现代码如下面代码段中的斜体字部分：

```
uint16 SampleApp_ProcessEvent( uint8 task_id, uint16 events )
{
    afIncomingMSGPacket_t *MSGpkt;
    (void)task_id;  // Intentionally unreferenced parameter
    ...
    if ( events & SAMPLEAPP_SEND_PERIODIC_MSG_EVT )
    {
        P1_0 = 1;    //高电平点亮协调器上 P1_0灯
        P1_5 = 1;    //高电平点亮终端模块上 P1_5灯
        // return unprocessed events
        return (events ^ SAMPLEAPP_SEND_PERIODIC_MSG_EVT);
    }
}
```

视频

项目2 终端节
点加入网络点
亮LED灯视频2

4. 下载程序至协调器模块和终端设备模块

（1）选择 CoordinatorEB 选项，单击图 2-18 所示的三角下载按钮，将程序通过 PC 端下载至设备中的协调器模块中。

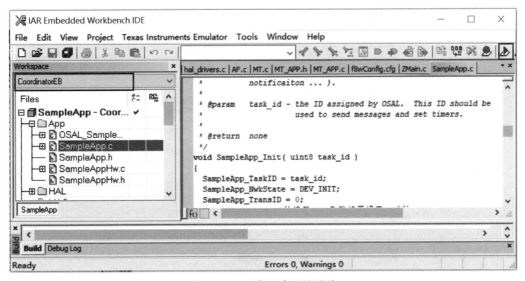

图 2-18　下载程序至协调器

（2）当下载过程中出现图 2-19 所示的界面之后，先单击"全速运行"按钮，再单击打叉按钮，完成整个程序的下载。

（3）选择 EndDevice 选项，单击图 2-20 所示的三角下载按钮，将程序通过 PC 端下载至设备中的终端节点模块中。

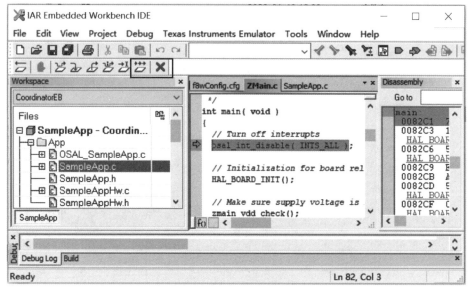

图 2-19　完成程序下载

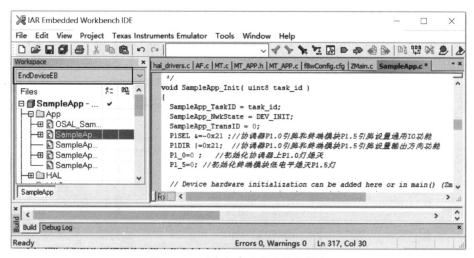

图 2-20　下载程序至终端节点模块

（4）当下载过程中出现图 2-21 所示的界面之后，先单击"全速运行"按钮，再单击打叉按钮 ✖，完成整个程序的下载。

5. 物联网程序运行效果

通过两根 USB 线缆分别连接物联网设备协调器模块的 USB 接口和终端节点模块的 USB 接口，当协调器组网成功，指示灯点亮，然后终端节点模块加入无线传感网络，这时显示图 2-22 所示的运行效果。

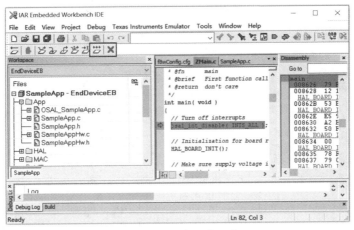

图 2-21　完成程序下载

视 频

项目2　终端节
点加入网络点
亮LED灯视频3

图 2-22　终端模块加入网络 LED 灯点亮

◤ 任务2.3　无线传感网络自定义事件点亮 LED 灯 ◥

任务描述

　　在上一个任务中，通过协调器模块加电启动运行组建无线传感网络，并将协调器模块网络状态变成协调器角色之后，触发系统事件点亮 LED 灯，同时终端设备模块加入协调器组建的无线传感网络成为终端节点角色之后，也触发系统事件点亮 LED 灯，但存在一个问题就是协调器和终端节点模块都是在系统事件中处理的，这样就导致不论是协调器还是终端节点模块，只要有一个触发系统事件，都将执行对协调器和终端节点模块的 LED 灯控制。因此本次任务在协调器模块网络状态转变成协调器角色之后，采用触发系统事件完成一盏 LED 灯的点亮，同时终端设备模块成功加入协调器组建的无线传感网络成为终端节点角色之后，将触发自定义事件完成一盏 LED 灯的点亮。

 任务分析

物联网教学设备的协调器模块主要包括基于 CC2530 的无线通信模块和 LED 灯，同时终端设备模块包括相关传感器和控制机构。一方面当协调器模块加电启动运行时，CC2530 的无线通信模块开始组建网络，当网络运行状态为协调器网络状态时，表示协调器模块已成为协调器角色，这时将调用 osal_set_event 函数触发 SAMPLEAPP_SEND_PERIODIC_MSG_EVT 系统事件产生，从而在 SampleApp_ProcessEvent 系统事件处理函数中点亮协调器模块上 LED 灯，表示当前协调器模块成功构建无线传感网络，并成为协调器角色。另一方面当终端设备模块加电加入无线传感网络之后，成为终端节点角色，然后调用 osal_set_event 函数触发 MY_MSG_EVT 自定义事件，在 SampleApp_ProcessEvent 系统事件处理函数中，点亮终端节点模块上的一盏 LED 灯，代表终端设备模块成功加入协调器组建的无线传感网络，如图 2-23 所示。

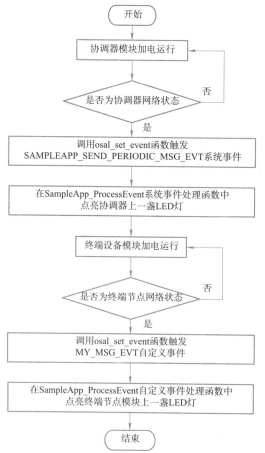

图 2-23　无线传感网络自定义事件点亮 LED 灯流程图

操作方法与步骤

1. 运行 ZStack 协议栈工程项目

（1）打开 IAR Embedded Workbench for 8051 8.10 Evaluation → IAR Embedded Workbench 开发平台，如图 2-24 所示。

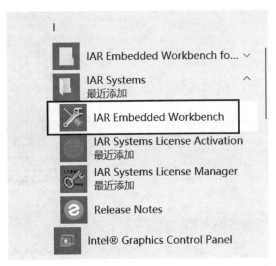

图 2-24　打开 IAR Embedded Workbench 开发平台

（2）选择 File → Open → Workspace 选项，如图 2-25 所示。

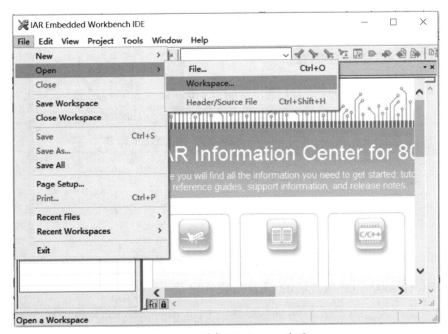

图 2-25　选择 Workspace 选项

（3）打开目录 D:\Zigbee_code\ZStack-CC2530-2.5.1a_2.3\Projects\zstack\Samples\SampleApp\CC2530DB 里面的 SampleApp.eww 工程文件，如图 2-26 所示。

图 2-26　打开 SampleApp.eww 工程文件

（4）在图 2-27 所示界面左侧的 Workspace 项工程栏中选择 EndDeviceEB 选项，打开 SampleApp.c 文件，可以选择下拉列表中协调器或者终端节点角色。

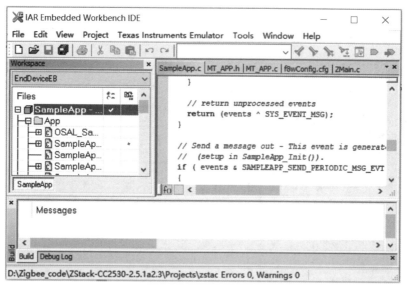

图 2-27　选择 CoordinatorEB 选项

2. 协调器模块和终端模块的 LED 灯硬件电路

（1）协调器模块上 CC2530 通信模块的 P1_1 引脚连接 LED1 灯，通过输出高低电平可以点亮或者熄灭 LED 发光二极管，如图 2-28 所示。

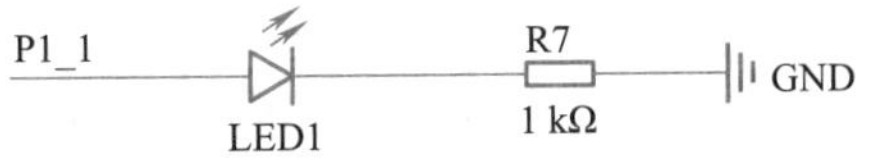

图 2-28　协调器 P1_1 引脚电路连接

（2）终端模块上 CC2530 通信模块的 P1_5 引脚连接 LED 灯，通过输出高低电平可以点亮或者熄灭 LED 灯，如图 2-29 所示。

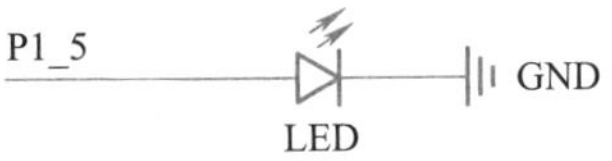

图 2-29　终端模块 P1_5 引脚电路连接

3. 编写项目功能代码

（1）打开 SampleApp.h 头文件，添加自定义事件 MY_MSG_EVT，主要功能实现代码如下面代码段中的斜体字部分：

```
#define SAMPLEAPP_ENDPOINT              20
#define SAMPLEAPP_PROFID                0x0F08
#define SAMPLEAPP_DEVICEID              0x0001
#define SAMPLEAPP_DEVICE_VERSION        0
#define SAMPLEAPP_FLAGS                 0
#define SAMPLEAPP_MAX_CLUSTERS          2
#define SAMPLEAPP_PERIODIC_CLUSTERID    1
#define SAMPLEAPP_FLASH_CLUSTERID       2
// Send Message Timeout
#define SAMPLEAPP_SEND_PERIODIC_MSG_TIMEOUT   5000     // Every 5 seconds
// Application Events (OSAL) - These are bit weighted definitions.
#define SAMPLEAPP_SEND_PERIODIC_MSG_EVT       0x0001
#define MY_MSG_EVT                            0x0002
// Group ID for Flash Command
#define SAMPLEAPP_FLASH_GROUP           0x0001
// Flash Command Duration - in milliseconds
#define SAMPLEAPP_FLASH_DURATION        1000
```

（2）在 SampleApp_Init 函数中初始化协调器上 P1_0 引脚连接的一盏 LED 灯，使之熄灭，同时初始化终端模块上 P0_5 引脚连接的 LED 灯，主要功能实现代码如下面代码段中的斜体字部分：

```
void SampleApp_Init( uint8 task_id )
{
    SampleApp_TaskID = task_id;
    SampleApp_NwkState = DEV_INIT;
```

```
SampleApp_TransID = 0;
    P1SEL &= ~0x22;//协调器 P1_1 引脚和终端模块 P1_5 引脚设置通用 IO 功能
    P1DIR |= 0x22;  //协调器 P1_1 引脚和终端模块 P1_5 引脚设置输出方向功能
    P1_1 = 0 ;       //初始化协调器上 P1_1 灯熄灭
    P1_5 = 0;        //初始化终端模块低电平熄灭 P1_5 灯
    ...
}
```

（3）协调器模块网络状态变成协调器角色之后，调用 osal_set_event 函数触发 SAMPLEAPP_SEND_PERIODIC_MSG_EVT 系统事件，终端模块网络状态变成终端节点角色之后，调用 osal_set_event 函数触发 MY_MSG_EVT 自定义事件，主要功能实现代码如下面代码段中的斜体字部分：

```
uint16 SampleApp_ProcessEvent( uint8 task_id, uint16 events )
{
  afIncomingMSGPacket_t *MSGpkt;
  (void)task_id;  // Intentionally unreferenced parameter
  if ( events & SYS_EVENT_MSG )
  {
    MSGpkt=(afIncomingMSGPacket_t *)osal_msg_receive(SampleApp_TaskID);
    while ( MSGpkt )
    {
      switch ( MSGpkt->hdr.event )
      {
        ...
        case ZDO_STATE_CHANGE:
          SampleApp_NwkState = (devStates_t)(MSGpkt->hdr.status);
          if (SampleApp_NwkState == DEV_ZB_COORD)
          {
          osal_set_event(SampleApp_TaskID, SAMPLEAPP_SEND_PERIODIC_MSG_
          EVT);
          }
          if (SampleApp_NwkState == DEV_END_DEVICE)
          {
              osal_set_event(SampleApp_TaskID, MY_MSG_EVT);
          }
          break;
        default:
          break;
      }
```

```
            osal_msg_deallocate( (uint8 *)MSGpkt );
            MSGpkt = (afIncomingMSGPacket_t *)osal_msg_receive( Sample
App_TaskID );
       }
       return (events ^ SYS_EVENT_MSG);
   }
   return 0;
}
```

（4）在 SampleApp_ProcessEvent 系统事件处理函数中，将点亮协调器模块上
P1_1 引脚所连接的 LED1 灯，主要功能实现代码如下面代码段中的斜体字部分：

```
uint16 SampleApp_ProcessEvent( uint8 task_id, uint16 events )
{
   afIncomingMSGPacket_t *MSGpkt;
   (void)task_id;  // Intentionally unreferenced parameter
   ...
   if ( events & SAMPLEAPP_SEND_PERIODIC_MSG_EVT )
   {
     P1_1 = 1;  //点亮协调器模块 P1_1 LED1 灯
     // return unprocessed events
     return (events ^ SAMPLEAPP_SEND_PERIODIC_MSG_EVT);
   }
}
```

（5）在 SampleApp_ProcessEvent 自定义事件 MY_MSG_EVT 处理函数中，将终端
节点模块的 P1_5 引脚所对应的 LED 灯点亮，主要功能代码实现如下面代码段中的斜
体字部分：

```
uint16 SampleApp_ProcessEvent( uint8 task_id, uint16 events )
{
   afIncomingMSGPacket_t *MSGpkt;
   (void)task_id;  // Intentionally unreferenced parameter
   ...
   if ( events & MY_MSG_EVT )
   {
     P1_5=1;//高电平点亮终端节点模块上 P1_5 LED 灯
     // return unprocessed events
     return (events ^ MY_MSG_EVT);
   }
}
```

4. 下载程序至协调器模块和终端设备模块

（1）选择 CoordinatorEB 选项，单击图 2-30 所示的三角下载按钮 ，将程序通过 PC 端下载至设备中的协调器模块中。

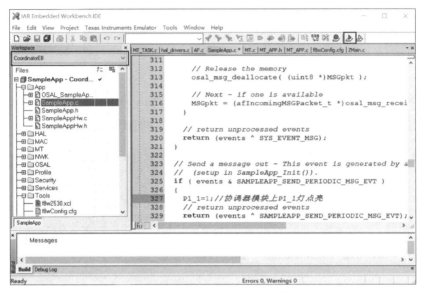

图 2-30　下载程序至协调器

（2）当下载过程中出现图 2-31 所示的界面之后，先单击"全速运行"按钮，再单击打叉按钮 ，完成整个程序的下载。

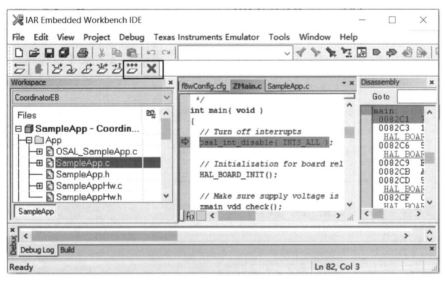

图 2-31　完成程序下载

（3）选择 EndDevice 选项，单击图 2-32 所示的三角下载按钮 ，将程序通过 PC 端下载至设备中的终端节点模块中。

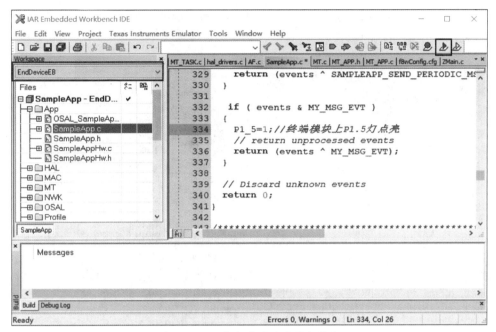

图 2-32　下载程序至终端节点模块

（4）当下载过程中出现图 2-33 所示的界面之后，先单击"全速运行"按钮，再单击打叉按钮 ✖️，完成整个程序的下载。

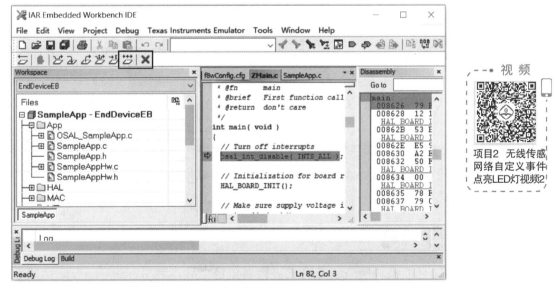

图 2-33　完成程序下载

5.　物联网程序运行效果

通过两根 USB 线缆分别连接物联网设备协调器模块的 USB 接口和终端节点模块

的 USB 接口，当协调器组网成功点亮 LED 灯，然后终端节点模块加入无线传感网络，这时显示图 2-34 所示的运行效果。

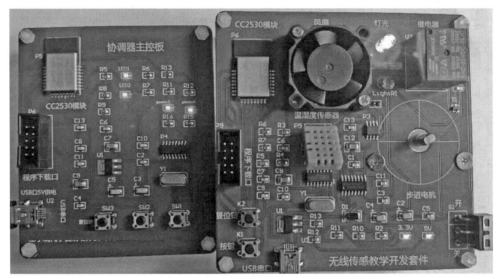

图 2-34　协调器组网和终端模块加入网络运行成功

拓 展 任 务

　　通过本项目三个任务的组网操作训练，同学们已经掌握了协调器和终端节点之间组成无线传感网络的通信机制。本次任务在协调器模块网络状态变成协调器角色之后，调用 osal_set_event 函数触发 MY_MSG_EVT 自定义事件产生，从而在 SampleApp_ProcessEvent 系统事件处理函数中，点亮两盏 LED 灯。同时终端设备模块成功加入协调器组建的无线传感网络成为终端节点角色之后，也将触发 YOU_MSG_EVT 自定义事件，点亮一盏 LED 灯。

任务要求

　　（1）协调器模块网络状态变成协调器角色之后，调用 osal_set_event 函数触发 MY_MSG_EVT 自定义事件产生，从而在 SampleApp_ProcessEvent 系统事件处理函数中，点亮两盏 LED 灯。

　　（2）终端设备模块成功加入协调器组建的无线传感网络成为终端节点角色之后，将触发 YOU_MSG_EVT 自定义事件，点亮一盏 LED 灯。

项 目 评 价 表

评价要素		分值	学生自评 30%	项目组互评 20%	教师评分 50%	各项总分	合计总分
协调器组网点亮 LED 灯	完成代码	10					
	协调器组网并点亮 LED 灯	10					
终端节点加入网络点亮 LED 灯	完成代码	10					
	终端节点加入网络并点亮 LED 灯	10					
无线传感网络自定义事件点亮 LED 灯	完成代码	10					
	无线传感网络自定义事件点亮 LED 灯	10					
拓展训练	完成拓展训练	10					
项目总结报告		10	教师评价				
素质考核	工作操守	5					
	学习态度	5					
	合作与交流	5					
	出勤	5					
学生自评签名: 日期:		项目组互评签名: 日期:			教师签名: 日期:		
补充说明:							

无线传感网络按键控制应用

项目情境

随着人们的消费需求和住宅智能化的不断发展，智能家居系列产品越来越丰富，其中智能面板是智能家居控制系统的重要组成部分。人们通过面板按键可以实现对居住空间灯光、电动窗帘、温湿度等的智能控制管理，从而获得智能、节能、环保、舒适、便捷的高品质生活。

本项目首先通过协调器组网之后，按下按键点亮协调器上的 LED 灯，然后终端节点加入协调器组建的无线网络之后，按下终端节点按键，无线发送字符到达协调器，以控制协调器上的 LED 灯，最后通过协调器组建无线网络之后，按下协调器上按键，发送字符串到达终端节点以控制继电器。

学习目标

知识目标

- 掌握按键中断处理流程
- 掌握协调器组网广播通信方式
- 掌握终端节点单播通信方式

技能目标

- 会使用协调器组网按键控制 LED 灯
- 会使用终端节点按键控制协调器 LED 灯
- 会使用协调器组网按键控制终端节点继电器

任务 3.1　协调器组网按键控制应用

任务描述

在本次任务，首先利用物联网教学设备的协调器模块构建无线传感网络。当协调器模块加电运行直到成为协调器网络状态时，单击协调器模块上按键触发中断，在中断处理函数中再触发系统事件产生，最后在系统事件处理函数中点亮或者熄灭协调器上两盏 LED 灯。

 任务分析

物联网教学设备的协调器模块主要包括基于 CC2530 的无线通信模块、按键以及 LED 灯。当协调器模块加电启动运行时，CC2530 的无线通信模块开始组建网络；当网络运行状态为协调器网络状态时，表示协调器模块已成为协调器角色，这时通过单击协调器上的按键触发中断产生，在按键中断处理函数中调用 osal_set_event 函数触发 SAMPLEAPP_SEND_PERIODIC_MSG_EVT 系统事件产生，最后在 SampleApp_ProcessEvent 系统事件处理函数中进行系统事件处理完成协调器上两盏 LED 灯的点亮或者熄灭，如图 3-1 所示。

视频

项目3 协调器组网按键控制应用视频1

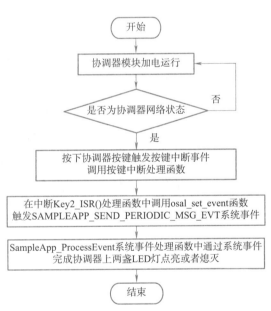

图 3-1 协调器组网按键点亮 LED 灯流程图

操作方法与步骤

1. 运行 ZStack 协议栈工程项目

（1）打开 IAR Embedded Workbench for 8051 8.10 Evaluation → IAR Embedded Workbench 开发平台，如图 3-2 所示。

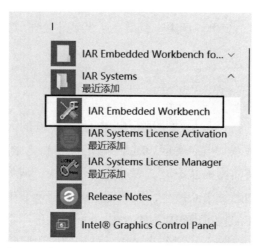

图 3-2　打开 IAR Embedded Workbench 开发平台

（2）选择 File → Open → Workspace 选项，如图 3-3 所示。

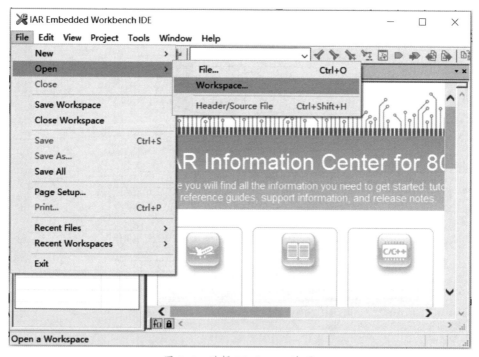

图 3-3　选择 Workspace 选项

（3）打开目录 D:\Zigbee_code\ZStack-CC2530-2.5.1a_3.1\Projects\zstack\Samples\SampleApp\CC2530DB 里面的 SampleApp.eww 工程文件，如图 3-4 所示。

（4）在图 3-5 所示界面左侧的 WorkSpace 项工程栏中选择 CoordinatorEB 选项，打开 SampleApp.c 文件，可以选择下拉列表中协调器或者终端节点角色。

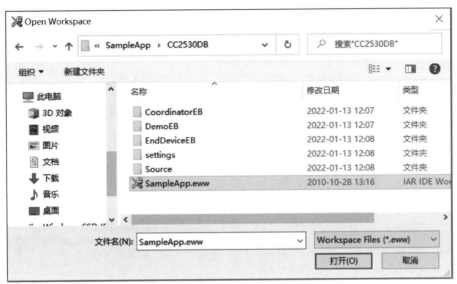

图 3-4　打开 SampleApp.eww 工程文件

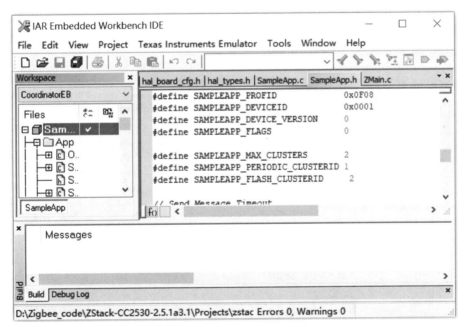

图 3-5　选择 CoordinatorEB 选项

2. 协调器模块 LED 灯和按键硬件电路

（1）协调器模块上 CC2530 通信模块的 P1_1 引脚连接 LED2 灯，P1_3 引脚连接另一个 LED3 灯，通过输出高低电平可以点亮或者熄灭 LED 灯，如图 3-6 所示。

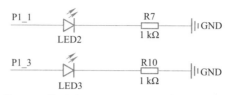

图 3-6　协调器 P1_0 和 P1_1 引脚电路连接

（2）协调器模块上 CC2530 通信模块的 P1_2 引脚连接按键，当按下 P1_2 按键时，可以使 P1_2 引脚变成低电平，如图 3-7 所示。

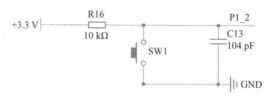

图 3-7　协调器 P1_2 按键引脚电路连接

3. 新建按键文件

（1）单击工具栏上的新建文件选项，新增按键源文件，再单击工具栏上"保存"选项，显示图 3-8 所示对话框，选择 ZStack-CC2530-2.5.1a_3.1\Projects\zstack\Samples\SampleApp\Source 路径，输入文件名 SampleKey.c。

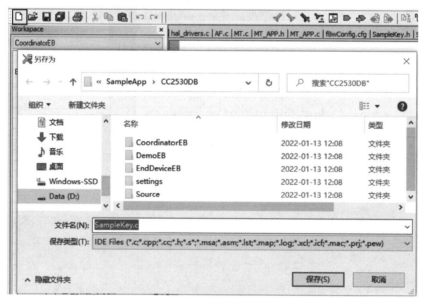

图 3-8　新增按键源文件

（2）同理单击工具栏上的新建文件项，新增按键头文件，再单击工具栏上"保存"按钮，显示图 3-9 所示对话框，选择 ZStack-CC2530-2.5.1a_3.1\Projects\zstack\

Samples\SampleApp\Source 路径，输入文件名 SampleKey.h。

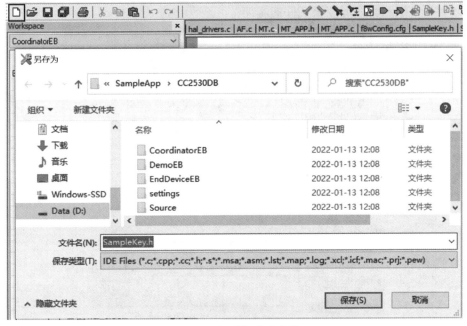

图 3-9　新增按键头文件

（3）右击工程中的 App 文件夹，在弹出的快捷菜单中选择 Add → Add Files 选项，添加按键文件，如图 3-10 所示。

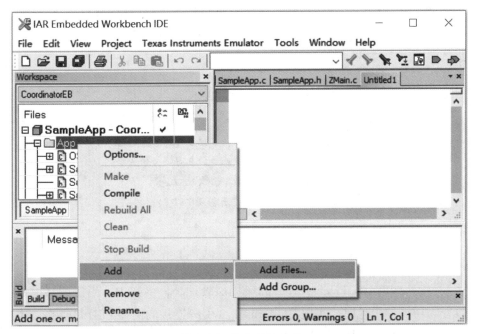

图 3-10　添加文件选项

（4）在图3-11所示的新增文件对话框中，选择SampleKey.c和SampleKey.h文件，单击"打开"按钮，完成按键文件的添加。

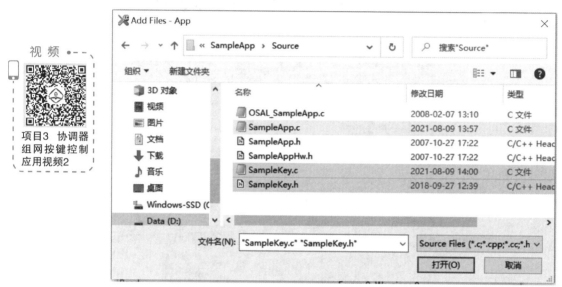

图 3-11 完成按键文件的添加

4. 编写项目功能代码

（1）在 SampleApp_Init 函数中完成物联网设备中的 P1_1 和 P1_3 引脚连接的两盏 LED 灯的初始化操作，主要功能实现代码如下面代码段中的斜体字部分：

```
void SampleApp_Init( uint8 task_id )
{
  SampleApp_TaskID = task_id;
  SampleApp_NwkState = DEV_INIT;
  SampleApp_TransID = 0;
  P1SEL &= ~0x0A;      //设置 P1_1 和 P1_3 引脚为通用 IO 功能
  P1DIR |= 0x0A;       //设置 P1_1 和 P1_3 引脚为输出功能
  P1_1 = 0;            //初始化低电平熄灭 LED2 灯
  P1_3 = 0;            //初始化低电平熄灭 LED3 灯

  ...

}
```

（2）在 SampleApp_ProcessEvent 的应用层处理事件函数中，当协调器模块网络状态改变为协调器角色时，实现 P1_1 和 P1_3 引脚连接的两盏 LED 灯点亮，主要功能实现代码如下面代码段中的斜体字部分：

```
uint16 SampleApp_ProcessEvent( uint8 task_id, uint16 events )
{
    ...
    case ZDO_STATE_CHANGE:
        SampleApp_NwkState = (devStates_t)(MSGpkt->hdr.status);
        if ( (SampleApp_NwkState == DEV_ZB_COORD)
        {
          P1_1 = 1;   //高电平点亮 LED2 灯
          P1_3 = 1;   //高电平点亮 LED3 灯
        }
    ...
}
```

（3）在 SampleKey.h 文件中添加按键初始化函数声明，主要功能实现代码如下面代码段中的斜体字部分：

```
#ifndef SAMPLEKEY_H
  #define SAMPLEKEY_H
  void KeysIntCfg();

#endif
```

（4）在 SampleKey.c 文件中主要完成按键初始化函数和 P1_2 按键按下中断处理函数实现，并在 Key2_ISR() 中断处理函数中调用 osal_set_event 函数，触发 SAMPLEAPP_SEND_PERIODIC_MSG_EVT 系统事件产生，主要功能实现代码如下面代码段中的斜体字部分：

```
#include <iocc2530.h>
#include "SampleApp.h"
#include "OSAL_Timers.h"
#include "OSAL.h"
#include "OnBoard.h"
extern unsigned char SampleApp_TaskID;
void KeysIntCfg()        //针对 P1_2 按键中断
{    //Key2
    IEN2 |= 0x10;        //使能 P1 口中断
    P1IEN |= 0x04;       //P1_2 中断使能
    PICTL |= 0x02;       //P1_2 下降沿触发
    P1IFG = 0x00;        //初始化中断标志
    EA = 1;              //开总中断
}
```

```
#pragma vector=P1INT_VECTOR
__interrupt void Key2_ISR()      //P1_2 按键
{
    if(P1IFG & 0X04)
    {
      osal_set_event( SampleApp_TaskID,SAMPLEAPP_SEND_PERIODIC_MSG_EVT);
    }
    P1IFG = 0;       //清中断标志
    P1IF = 0;        //清中断标志
}
```

（5）打开 ZMain.c 文件，添加按键初始化函数，主要功能实现代码如下面代码段中的斜体字部分：

```
int main( void )
{
  ...
  #ifdef WDT_IN_PM1
  /* If WDT is used, this is a good place to enable it. */
  WatchDogEnable( WDTIMX );
  #endif
  KeysIntCfg();
  osal_start_system();         // No Return from here

  return 0;                    // Shouldn't get here.
} // main()
```

（6）打开 hal_board_cfg.h 头文件，将系统所设置的宏定义按键参数 HAL_KEY 改为 FALSE，表示采用自定义按键功能，主要功能实现代码如下面代码段中的斜体字部分：

```
/* Set to TRUE enable KEY usage, FALSE disable it */
#ifndef HAL_KEY
  #define HAL_KEY FALSE
#endif
```

（7）在 SampleApp_ProcessEvent 系统事件处理函数中，通过协调器按键按下 P1_2 按键，将 P1_1 和 P1_3 所对应引脚连接的 LED 灯点亮或者熄灭，主要功能实现代码如下面代码段中的斜体字部分：

```
uint16 SampleApp_ProcessEvent( uint8 task_id, uint16 events )
```

```
{
    afIncomingMSGPacket_t *MSGpkt;
    (void)task_id;          // Intentionally unreferenced parameter
    ...
    if ( events & SAMPLEAPP_SEND_PERIODIC_MSG_EVT )
    {
        if(0 == P1_2)        //协调器模块按键按下
        {
            P1_1 ^= 1;        //点亮或者熄灭 P1_1灯
            P1_3 ^= 1;        //点亮或者熄灭 P1_3灯
        }
        // return unprocessed events
        return (events ^ SAMPLEAPP_SEND_PERIODIC_MSG_EVT);
    }
}
```

5. 下载程序至协调器模块

（1）通过 USB 线缆一端连接 CC2530 仿真器接口，另一端连接 PC 端的 USB 接口，再将仿真器的扁型电缆插入协调器模块上的 JTAG 程序下载口，如图 3-12 所示。

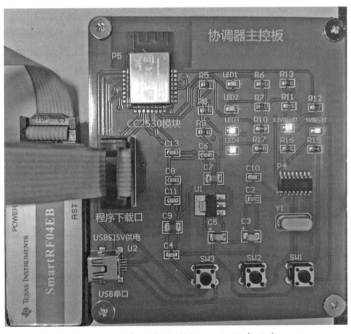

图 3-12　仿真器连接模块 JTAG 程序下载口

（2）单击图 3-13 所示的三角下载按钮，将程序通过 PC 端下载至设备中的 CC2530 模块中。

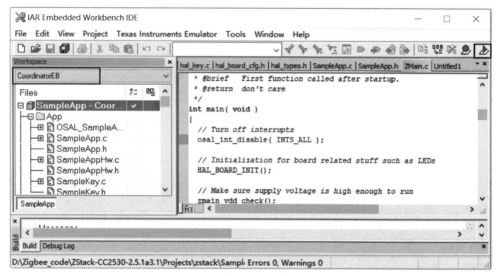

图 3-13　下载协议栈程序至协调器

（3）当下载过程中出现图 3-14 所示的界面之后，先单击"全速运行"按钮，再单击打叉按钮，完成整个程序的下载。

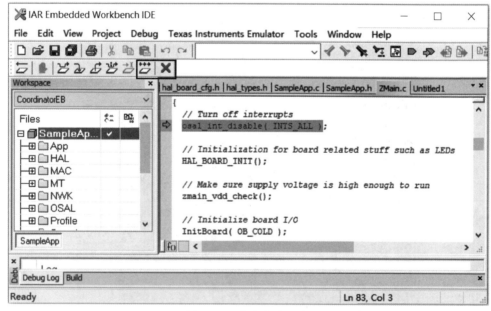

图 3-14　完成程序下载

6. 物联网协调器模块程序运行效果

协调器模块上电运行之后，按下协调器上的 SW1 按键，点亮 LED2 和 LED3 灯，如图 3-15 所示。

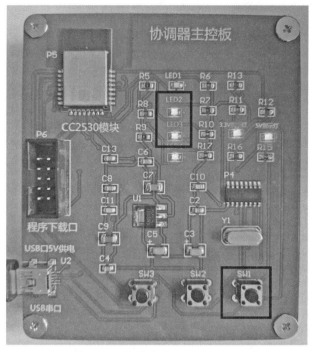

图 3-15　按键点亮 LED2 和 LED3 灯

视频

项目 3 协调器
组网按键控制
应用视频3

任务 3.2　终端节点加入网络按键控制应用

任务描述

　　在上一个任务中，通过物联网教学设备的协调器模块构建无线传感网络，当协调器模块加电运行直到成为协调器网络状态时，单击按键触发中断，在中断处理中再触发系统事件产生，最后在系统事件处理函数中点亮或者熄灭两盏 LED 灯。本次任务在协调器组建网络成功之后，将终端设备模块加入无线传感网络，当网络状态变成终端节点角色之后，在终端节点模块上按下按键触发中断，在中断处理函数中再触发系统事件产生，接着在系统事件处理函数中通过单播方式无线发送字符信息，最后到达协调器模块后，熄灭协调器上的两盏 LED 灯。

任务分析

　　物联网教学设备的协调器模块主要包括基于 CC2530 的无线通信模块和 LED 灯，同时终端设备模块包括按键、相关传感器及控制机构。一方面当协调器模块加电启动运行时，CC2530 的无线通信模块开始组建无线传感网络，当网络运行状态为协调器网络状态时，触发 MY_MSG_EVT 自定义事件，点亮两盏 LED 灯，表示协调器模块已成为协调器角色。另一方面将终端设备模块加电加入无线传感网络，当网络状态变成终端节点角色之后，这时通过单击终端节点模块上的按键触发外部中断产生，在按键中断处理函数中，调用 osal_set_event 函数触发 SAMPLEAPP_SEND_PERIODIC_MSG_EVT 系统事件产生，接着在 SampleApp_ProcessEvent 系统事件处理函数中以单播方式无线发送字符信息至协调器模块，最后协调器通过 SampleApp_MessageMSGCB 函数收到字符信息后熄灭协调器上两盏 LED 灯，如图 3-16 所示。

视频

项目3 终端节点
加入网络按键控
制应用视频1

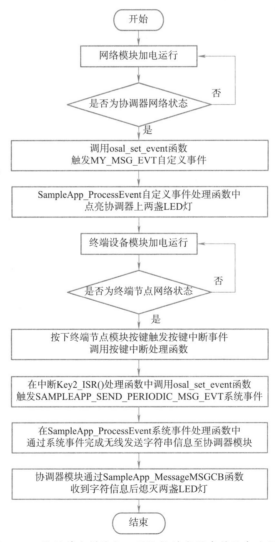

图 3-16　终端节点模块加入网络按键发送字符信息流程图

操作方法与步骤

1. 运行 ZStack 协议栈工程项目

（1）打开 IAR Embedded Workbench for 8051 8.10 Evaluation → IAR Embedded Workbench 开发平台，如图 3-17 所示。

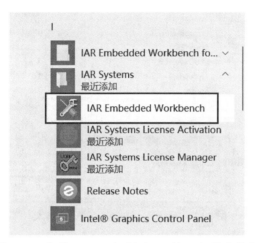

图 3-17　打开 IAR Embedded Workbench 开发平台

（2）选择 File → Open → Workspace 选项，如图 3-18 所示。

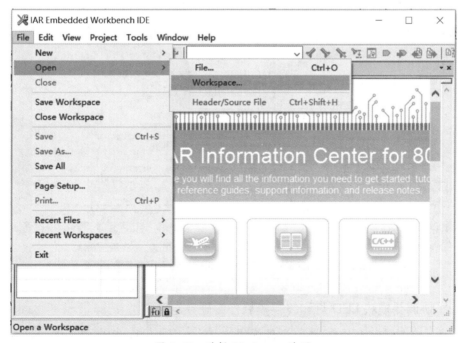

图 3-18　选择 Workspace 选项

（3）打开目录 D:\Zigbee_code\ZStack–CC2530–2.5.1a_3.2\Projects\zstack\Samples\ SampleApp\CC2530DB 里面的 SampleApp.eww 工程文件，如图 3-19 所示。

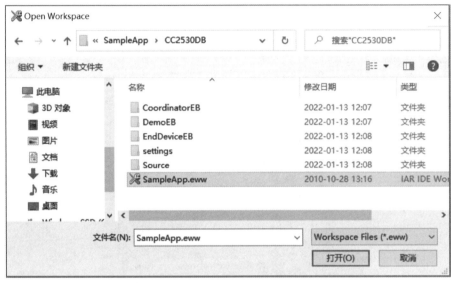

图 3-19　打开 SampleApp.eww 工程文件

（4）打开 ZStack–CC2530–2.5.1a_3.2 工程之后，其结构如图 3-20 所示。

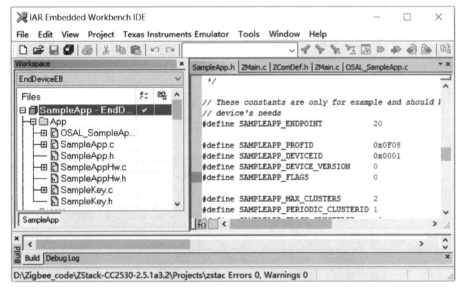

图 3-20　ZStack–CC2530–2.5.1a_3.2 项目工程结构

2. 协调器模块 LED 灯和终端模块按键硬件电路

（1）协调器模块上 CC2530 通信模块的 P1_0 引脚连接 LED1 灯，P1_1 引脚连接另一个 LED2 灯，通过输出高低电平可以点亮或者熄灭 LED 灯，如图 3-21 所示。

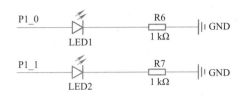

图 3-21　协调器 P1_0 和 P1_1 引脚电路连接

（2）终端模块上 CC2530 通信模块的 P0_1 引脚连接按键，当按下 P0_1 按键时，可以使 P0_1 引脚变成低电平，如图 3-22 所示。

图 3-22　终端模块 P0_1 按键引脚电路连接

3. 新建按键文件

（1）单击工具栏上的新建文件项，新增按键源文件，再单击工具栏上"保存"选项，显示图 3-23 所示对话框，选择 ZStack-CC2530-2.5.1a_3.2\Projects\zstack\Samples\SampleApp\Source 路径，输入文件名 SampleKey.c。

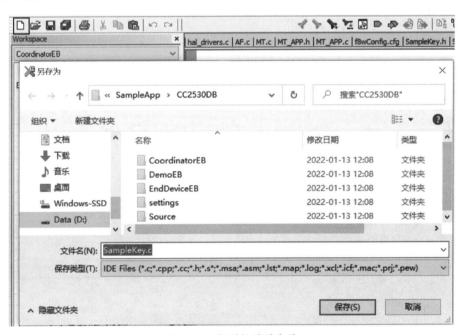

图 3-23　新增按键源文件

（2）同理单击工具栏上的新建文件项，新增按键头文件，再单击工具栏上"保存"选项，显示图 3-24 所示对话框，选择 ZStack-CC2530-2.5.1a_3.2\Projects\zstack\Samples\SampleApp\Source 路径，输入文件名 SampleKey.h。

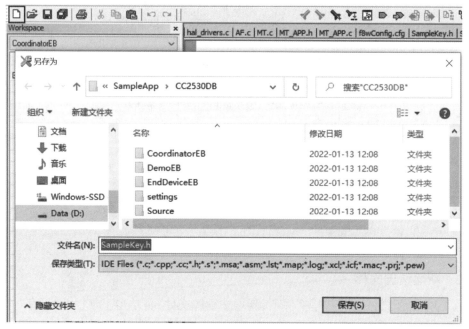

图 3-24 新增按键头文件

（3）右击工程中的 App 文件夹，在弹出的快捷菜单中选择 Add → Add Files 选项，添加按键文件，如图 3-25 所示。

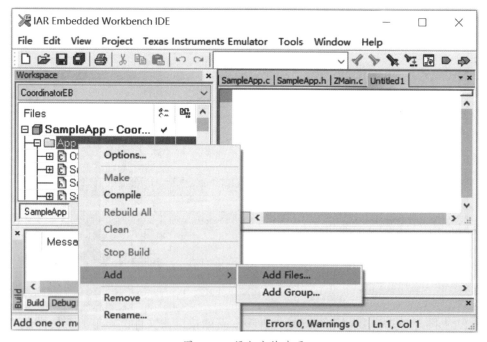

图 3-25 添加文件选项

（4）在图 3-26 所示的新增文件对话框中，选择 SampleKey.c 和 SampleKey.h 文件，单击"打开"按钮，完成按键文件的添加。

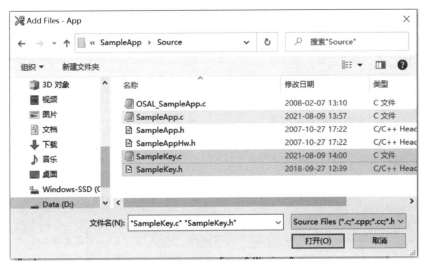

图 3-26　完成按键文件的添加

4. 编写项目功能代码

（1）在 SampleApp_Init 函数中完成物联网设备中的 P1_0 和 P1_1 引脚连接的两盏 LED 灯初始化操作，主要功能实现代码如下面代码段中的斜体字部分：

```
void SampleApp_Init( uint8 task_id )
{
  SampleApp_TaskID = task_id;
  SampleApp_NwkState = DEV_INIT;
  SampleApp_TransID = 0;
  P1SEL &= ~0x03;        //设置 P1_0 和 P1_1 引脚为通用 IO 功能
  P1DIR |= 0x03;         //设置 P1_0 和 P1_1 引脚为输出功能
  P1_0 = 0;              //初始化低电平熄灭 LED1 灯
  P1_1 = 1;              //初始化低电平熄灭 LED2 灯
  ...
}
```

（2）打开 SampleApp.c 文件，SampleApp_ProcessEvent 函数中调用 osal_set_event 函数触发协调器的 MY_MSG_EVT 自定义事件，主要功能实现代码如下面代码段中的斜体字部分：

```
uint16 SampleApp_ProcessEvent( uint8 task_id, uint16 events )
{
  afIncomingMSGPacket_t *MSGpkt;
```

```
   (void)task_id;  // Intentionally unreferenced parameter
   if ( events & SYS_EVENT_MSG )
   {
     MSGpkt = (afIncomingMSGPacket_t *)osal_msg_receive( SampleApp_
   TaskID );
     while ( MSGpkt )
     {
       switch ( MSGpkt->hdr.event )
       {
         ...
         case ZDO_STATE_CHANGE:
           SampleApp_NwkState = (devStates_t)(MSGpkt->hdr.status);
           if (SampleApp_NwkState == DEV_ZB_COORD)
           {
             osal_set_event(SampleApp_TaskID, MY_MSG_EVT);
           }
           break;
         default:
           break;
       }
       osal_msg_deallocate( (uint8 *)MSGpkt );
       MSGpkt = (afIncomingMSGPacket_t *)osal_msg_receive( Sample
   App_TaskID );
     }
     return (events ^ SYS_EVENT_MSG);
   }
   return 0;
 }
```

（3）在 SampleApp_ProcessEvent 自定义 MY_MSG_EVT 事件处理函数中，将协调器 P1_0 和 P1_1 引脚所对应的 LED 灯点亮，主要功能实现代码如下面代码段中的斜体字部分：

```
uint16 SampleApp_ProcessEvent( uint8 task_id, uint16 events )
{
  afIncomingMSGPacket_t *MSGpkt;
  (void)task_id;  // Intentionally unreferenced parameter
  ...
if ( events & SAMPLEAPP_SEND_PERIODIC_MSG_EVT )
  {
    return (events ^ SAMPLEAPP_SEND_PERIODIC_MSG_EVT);
```

```
    }
    if ( events & MY_MSG_EVT)
    {
      P1_0 = 1;           //高电平点亮协调器 P1_0 灯
      P1_1 = 1;           //高电平点亮协调器 P1_1 灯
      // return unprocessed events
      return (events ^ MY_MSG_EVT);
    }
}
```

（4）在 SampleKey.h 文件中添加按键初始化函数声明，主要功能实现代码如下面代码段中的斜体字部分：

```
#ifndef SAMPLEKEY_H
  #define SAMPLEKEY_H
  void KeysIntCfg();


#endif
```

（5）在 SampleKey.c 文件中主要完成终端节点模块按键初始化函数和 P0_1 按键按下中断处理函数实现，并在 Key2_ISR() 中断处理函数中调用 osal_set_event 函数，触发 SAMPLEAPP_SEND_PERIODIC_MSG_EVT 系统事件产生，主要功能实现代码如下面代码段中的斜体字部分：

```
#include <iocc2530.h>
#include "SampleApp.h"
#include "OSAL_Timers.h"
#include "OSAL.h"
#include "OnBoard.h"
extern unsigned char SampleApp_TaskID;
void KeysIntCfg()
{    //Key2
    IEN1 |= 0x20;      //使能 P0 口中断
    P0IEN |= 0x02;     //P0_1 中断使能
    PICTL |= 0x01;     //P0_1 下降沿触发
    P0IFG = 0x00;      // 初始化中断标志
    EA = 1;            // 开总中断
}

#pragma vector = P0INT_VECTOR
__interrupt void Key2_ISR()      //P0_1 终端节点 P0_1 按键
```

```
{
    if(P0IFG & 0X02)
    {
        osal_set_event( SampleApp_TaskID,SAMPLEAPP_SEND_PERIODIC_
MSG_EVT);
    }
    P0IFG =0;        // 清中断标志
    P0IF=0;          // 清中断标志
}
```

（6）打开 ZMain.c 文件，添加按键初始化函数，主要功能实现代码如下面代码段中的斜体字部分：

```
int main( void )
{
  ...
  #ifdef WDT_IN_PM1
    /* If WDT is used, this is a good place to enable it. */
    WatchDogEnable( WDTIMX );
  #endif
  KeysIntCfg();
  osal_start_system(); // No Return from here

  return 0;   // Shouldn't get here.
} // main()
```

（7）打开 hal_board_cfg.h 头文件，将系统所设置的宏定义按键参数 HAL_KEY 改为 FALSE，表示采用自定义按键功能，主要功能实现代码如下面代码段中的斜体字部分：

```
/* Set to TRUE enable KEY usage, FALSE disable it */
#ifndef HAL_KEY
  #define HAL_KEY FALSE
#endif
```

（8）在 SampleApp_ProcessEvent 系统事件处理函数中，一旦终端节点模块 P0_1 按键按下之后，无线发送字符信息至协调器模块，主要功能实现代码如下面代码段中的斜体字部分：

```
uint16 SampleApp_ProcessEvent( uint8 task_id, uint16 events )
{
  afIncomingMSGPacket_t *MSGpkt;
```

```
    (void)task_id;   // Intentionally unreferenced parameter
    ...
if ( events & SAMPLEAPP_SEND_PERIODIC_MSG_EVT )
  {
    if(0==P0_1)
    {   //按钮2按下
      char theMessageData = 'a';
      SampleApp_Periodic_DstAddr.addrMode = (afAddrMode_t)
Addr16Bit;
      SampleApp_Periodic_DstAddr.addr.shortAddr = 0x0000;
        //接收模块协调器的网络地址
      SampleApp_Periodic_DstAddr.endPoint =SAMPLEAPP_ENDPOINT ;
        //接收模块的端点房间号
      AF_DataRequest( &SampleApp_Periodic_DstAddr, &SampleApp_epDesc,
                      SAMPLEAPP_PERIODIC_CLUSTERID,
                      1,//发送字符的长度
                      &theMessageData,//字符串内容数组的首地址
                      &SampleApp_TransID,
                      AF_DISCV_ROUTE,
                      AF_DEFAULT_RADIUS );
    }
    // return unprocessed events
    return (events ^ SAMPLEAPP_SEND_PERIODIC_MSG_EVT);
  }
 }
...
}
```

（9）一旦协调器模块收到终端节点模块无线发送过来的字符信息之后，调用
SampleApp_MessageMSGCB 函数进行判断，如果收到是字符"a"，就将点亮或者熄
灭协调器上的 P1_0 和 P1_1 引脚的两盏 LED 灯，主要功能实现代码如下面代码段中
的斜体字部分：

```
void SampleApp_MessageMSGCB ( afIncomingMSGPacket_t *pkt )
{
  uint16 flashTime;
  switch ( pkt->clusterId )
  {
    case SAMPLEAPP_PERIODIC_CLUSTERID:
    if(pkt->cmd.Data[0] == 'a')
```

视 频
项目3 终端节点
加入网络按键控
制应用视频2

```
        {
            P1_0 ^= 1;     //点亮或者熄灭协调器 LED1 灯
            P1_1 ^= 1;     //点亮或者熄灭协调器 LED2 灯
        }
    break;
        ...
    }
}
```

5. 下载程序至协调器模块和终端设备模块

（1）选择 CoordinatorEB 选项，单击图 3-27 所示的三角下载按钮 ，将程序通过 PC 端下载至设备中的协调器模块中。

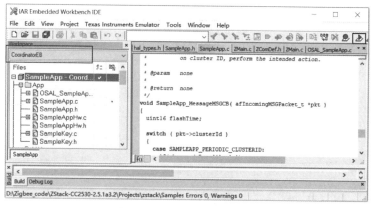

图 3-27　下载程序至协调器

（2）当下载过程中出现图 3-28 所示的界面之后，先单击"全速运行"按钮，再单击打叉按钮 ，完成整个程序的下载。

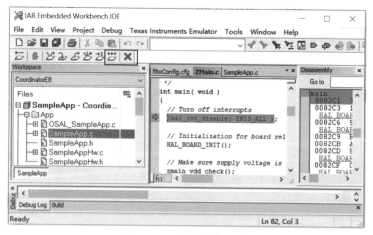

图 3-28　完成程序下载

68

（3）选择 EndDevice 选项，单击图 3-29 所示的三角下载按钮 ，将程序通过 PC 端下载至设备中的终端节点模块中。

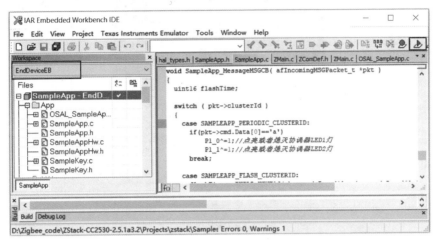

图 3-29　下载程序至终端节点模块

（4）当下载过程中出现图 3-30 所示的界面之后，先单击"全速运行"按钮，再单击打叉按钮 ，完成整个程序的下载。

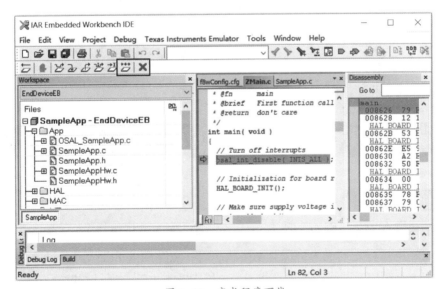

图 3-30　完成程序下载

6. 程序运行效果

（1）协调器组网成功之后，点亮协调器模块上 LED1 和 LED2 灯，如图 3-31 所示。

（2）协调器收到终端节点按键 K1 发送字符消息之后，熄灭 LED1 和 LED2 灯，如图 3-32 所示。

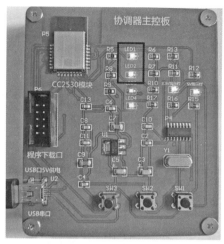

图 3-31　协调器组网成功点亮 LED1 和 LED2 灯

视频 ●……

项目3 终端节点
加入网络按键控
制应用视频3

图 3-32　协调器收到终端节点按键信息熄灭 LED1 和 LED2 灯

任务3.3　协调器按键无线控制终端节点设备应用

 任务描述

　　在上一个任务中，通过物联网教学设备的协调器模块构建无线传感网络，当协调器模块加电运行直到成为协调器网络状态时，点亮两盏 LED 灯，同时终端设备模块加电加入无线传感网络。当网络状态变成终端节点之后，通过按键触发中断产生，在中断处理中再触发系统事件产生，接着在系统事件处理函数中通过单播方式无线发送字符信息，最后到达协调器模块后，熄灭协调器上的两盏 LED 灯。本次任务在协调器组建网络成功之后，将终端设备模块加电加入无线传感网络，一旦成功加入网络之后，通过单击协调器模块上按键触发中断，在中断处理中再触发系统事件产生，接着在系统事件处理函数中以广播方式无线发送字符串信息，最后到终端节点模块后，控制继电器的闭合和断开操作。

任务分析

物联网教学设备的协调器模块主要包括基于 CC2530 的无线通信模块、按键和 LED 灯，同时终端设备模块包括相关传感器及控制机构。一方面当协调器模块加电启动运行时，CC2530 的无线通信模块开始组建无线传感网络，当网络运行状态为协调器网络状态时，触发系统事件，点亮两盏 LED 灯，表示协调器模块已成为协调器，这时通过按下协调器模块上的按键触发外部中断产生，在按键中断处理函数中调用 osal_set_event 函数触发 MY_MSG_EVT 自定义事件产生，接着在 SampleApp_ProcessEvent 系统事件处理函数中以广播方式无线发送字符串信息至终端节点模块。另一方面将终端设备模块加电加入无线传感网络，当网络状态变成终端节点角色之后，收到协调器无线发送的字符串信息，最后终端节点模块调用 SampleApp_MessageMSGCB 函数收到字符信息后控制继电器闭合或者断开操作，如图 3-33 所示。

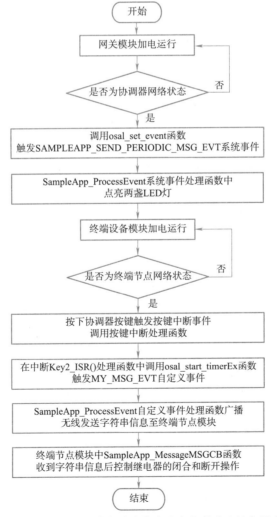

视频

项目3 协调器按键无线控制终端节点设备应用视频1

图 3-33　协调器模块按键发送字符串信息控制终端继电器流程图

![操作方法与步骤]

1. 运行 ZStack 协议栈工程项目

（1）打开 IAR Embedded Workbench for 8051 8.10 Evaluation → IAR Embedded Workbench 开发平台，如图 3-34 所示。

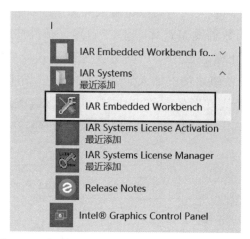

图 3-34　打开 IAR Embedded Workbench 开发平台

（2）选择 File → Open → Workspace 选项，如图 3-35 所示。

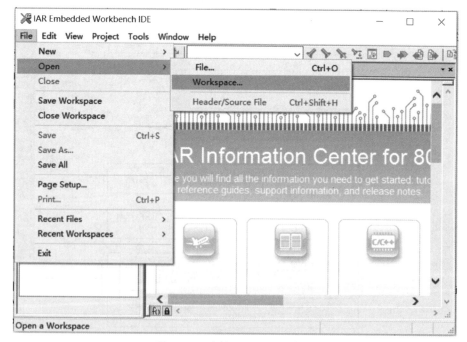

图 3-35　选择 Workspace 选项

（3）打开目录 D:\Zigbee_code\ZStack-CC2530-2.5.1a_3.3\Projects\zstack\Samples\SampleApp\CC2530DB 里面的 SampleApp.eww 工程文件，如图 3-36 所示。

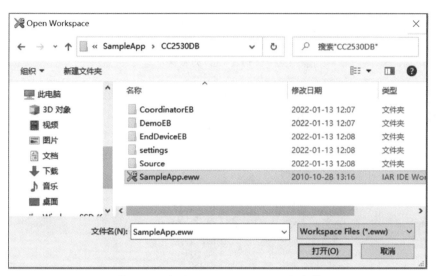

图 3-36　打开 SampleApp.eww 工程文件

（4）打开 ZStack-CC2530-2.5.1a_3.3 工程之后，其结构如图 3-37 所示。

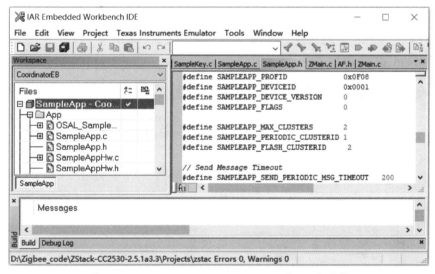

图 3-37　ZStack-CC2530-2.5.1a_3.3 项目工程结构

2. 协调器模块和终端模块的硬件电路

（1）协调器模块上 CC2530 通信模块的 P1_0 引脚连接 LED1 灯，P1_1 引脚连接另一个 LED2 灯，通过输出高低电平可以点亮或者熄灭 LED 灯，如图 3-38 所示。

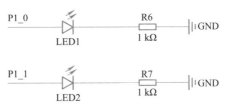

图 3-38　协调器 LED 灯引脚电路连接

（2）终端模块上 CC2530 通信模块的 P1_6 引脚连接继电器模块，通过输出高低电平可以断开或者闭合继电器，如图 3-39 所示。

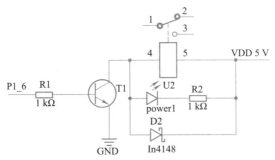

图 3-39　终端模块继电器电路连接

3.　新建按键文件

（1）单击工具栏上的新建文件项，新增按键源文件，再单击工具栏上"保存"选项，显示图 3-40 所示对话框，选择 ZStack-CC2530-2.5.1a_3.3\Projects\zstack\Samples\SampleApp\Source 路径，输入 SampleKey.c 文件名。

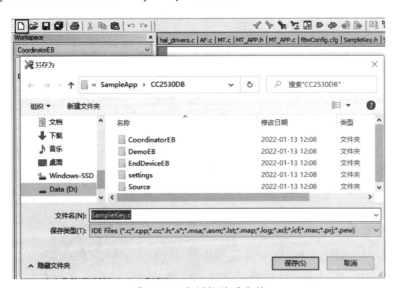

图 3-40　新增按键源文件

（2）同理单击工具栏上的新建文件项，新增按键头文件，再单击工具栏上"保存"选项，显示图 3-41 所示对话框，选择 ZStack-CC2530-2.5.1a_3.3\Projects\zstack\Samples\SampleApp\Source 路径，输入文件名 SampleKey.h。

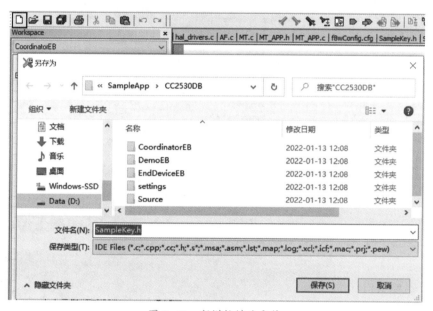

图 3-41　新增按键头文件

（3）右击工程中的 App 文件夹，在弹出的快捷菜单中选择 Add → Add Files 选项，添加按键文件，如图 3-42 所示。

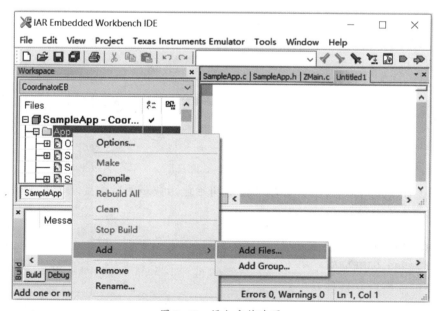

图 3-42　添加文件选项

（4）在图 3-43 所示的新增文件对话框中，选择 SampleKey.c 和 SampleKey.h 文件，单击"打开"按钮，完成按键文件的添加。

视频●--

项目3 协调器按键
无线控制终端节点
设备应用视频2

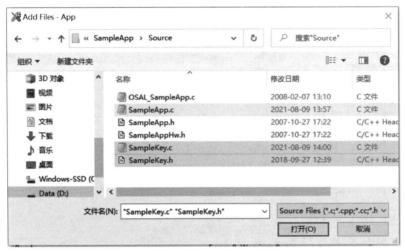

图 3-43　完成按键文件的添加

4. 编写项目功能代码

（1）在 SampleApp_Init 函数中完成物联网设备中的 P1_0 和 P1_1 两盏 LED 灯的初始化操作，主要功能实现代码如下面代码段中的斜体字部分：

```
void SampleApp_Init( uint8 task_id )
{
  SampleApp_TaskID = task_id;
  SampleApp_NwkState = DEV_INIT;
  SampleApp_TransID = 0;
  P1SEL &= ~0x03;        //设置 P1_0 和 P1_1 引脚为通用 IO 功能
  P1DIR |= 0x03;         //设置 P1_0 和 P1_1 引脚为输出功能

  ...

}
```

（2）在 SampleKey.h 文件中添加按键初始化函数声明，主要功能实现代码如下面代码段中的斜体字部分：

```
#ifndef SAMPLEKEY_H
  #define SAMPLEKEY_H
  void KeysIntCfg();

#endif
```

（3）在 SampleKey.c 文件中主要完成按键初始化函数和 P1_2 按键按下中断处理函数实现，并在 Key2_ISR() 中断处理函数中调用 osal_start_timerEx(SampleApp_TaskID,MY _MSG_EVT,25) 函数，触发 MY _MSG_EVT 自定义事件产生，主要功能实现代码如下面代码段中的斜体字部分：

```
#include<iocc2530.h>
#include "SampleApp.h"
#include "OSAL_Timers.h"
#include "OSAL.h"
#include "OnBoard.h"
extern unsigned char SampleApp_TaskID;
void KeysIntCfg()        //针对 P1_2 按键中断
{    //Key2
    IEN2  |= 0x10;       //使能 P1 口中断
    P1IEN |= 0x04;       //P1_2 中断使能
    PICTL |= 0x02;       //P1_2 下降沿触发
    P1IFG = 0x00;        //初始化中断标志
    EA = 1;              //开总中断
}
#pragma vector = P1INT_VECTOR
__interrupt void Key2_ISR()      //P1_2 按键
{
    if(P1IFG & 0X04)
    {
      osal_start_timerEx( SampleApp_TaskID,MY_MSG_EVT,25);
    }
    P1IFG = 0;           //清中断标志
    P1IF = 0;            //清中断标志
}
```

（4）打开 SampleApp.h 头文件，添加自定义事件 MY_MSG_EVT，主要功能实现代码如下面代码段中的斜体字部分：

```
#define SAMPLEAPP_ENDPOINT             20
#define SAMPLEAPP_PROFID               0x0F08
#define SAMPLEAPP_DEVICEID             0x0001
#define SAMPLEAPP_DEVICE_VERSION       0
#define SAMPLEAPP_FLAGS                0
#define SAMPLEAPP_MAX_CLUSTERS         2
#define SAMPLEAPP_PERIODIC_CLUSTERID   1
#define SAMPLEAPP_FLASH_CLUSTERID      2
// Send Message Timeout
```

```
#define SAMPLEAPP_SEND_PERIODIC_MSG_TIMEOUT   5000  // Every 5 seconds
// Application Events (OSAL) - These are bit weighted definitions.
#define SAMPLEAPP_SEND_PERIODIC_MSG_EVT       0x0001

#define MY_MSG_EVT                            0x0002

// Group ID for Flash Command
#define SAMPLEAPP_FLASH_GROUP                 0x0001
// Flash Command Duration - in milliseconds
#define SAMPLEAPP_FLASH_DURATION              1000
```

（5）打开 ZMain.c 文件，添加按键初始化函数，主要功能实现代码如下面代码段中的斜体字部分：

```
int main( void )
{
  ...
  #ifdef WDT_IN_PM1
    /* If WDT is used, this is a good place to enable it. */
    WatchDogEnable( WDTIMX );
  #endif
  KeysIntCfg();
  osal_start_system(); // No Return from here

  return 0;  // Shouldn't get here.
} // main()
```

（6）打开 hal_board_cfg.h 头文件，将系统所设置的宏定义按键参数 HAL_KEY 改为 FALSE，表示采用自定义按键功能，主要功能实现代码如下面代码段中的斜体字部分：

```
/* Set to TRUE enable KEY usage, FALSE disable it */
#ifndef HAL_KEY
  #define HAL_KEY FALSE
#endif
```

（7）在 ZDO_STATE_CHANGE 网络状态改变消息处理中调用 osal_set_event(SampleApp_TaskID, SAMPLEAPP_SEND_PERIODIC_MSG_EVT) 函数触发协调器的 SAMPLEAPP_SEND_PERIODIC_MSG_EVT 系统事件，主要功能实现代码如下面代码段中的斜体字部分：

```
uint16 SampleApp_ProcessEvent( uint8 task_id, uint16 events )
```

```
{
  afIncomingMSGPacket_t *MSGpkt;
  (void)task_id;  // Intentionally unreferenced parameter
  if ( events & SYS_EVENT_MSG )
  {
    MSGpkt = (afIncomingMSGPacket_t *)osal_msg_receive( SampleApp_
TaskID );
    while ( MSGpkt )
    {
      switch ( MSGpkt->hdr.event )
      {
        ...
        case ZDO_STATE_CHANGE:
          SampleApp_NwkState = (devStates_t)(MSGpkt->hdr.status);
          if (SampleApp_NwkState == DEV_ZB_COORD)
          {
          osal_set_event(SampleApp_TaskID, SAMPLEAPP_SEND_PERIODIC_
          MSG_EVT);
          }
          break;
        default:
          break;
      }
      osal_msg_deallocate( (uint8 *)MSGpkt );
      MSGpkt = (afIncomingMSGPacket_t *)osal_msg_receive( Sample
App_TaskID );
    }
    return (events ^ SYS_EVENT_MSG);
  }
  return 0;
}
```

（8）在 SampleApp_ProcessEvent 系统事件处理函数中，一旦协调器组建网络成功之后，将协调器上的 P1_0 和 P1_1 引脚所对应的 LED 灯点亮，主要功能实现代码如下面代码段中的斜体字部分：

```
uint16 SampleApp_ProcessEvent( uint8 task_id, uint16 events )
{
  afIncomingMSGPacket_t *MSGpkt;
  (void)task_id;  // Intentionally unreferenced parameter
  ...
  if ( events & SAMPLEAPP_SEND_PERIODIC_MSG_EVT)
```

```
    {
        P1_0 = 1;             //点亮协调器 P1_0 灯
        P1_1 = 1;             //点亮协调器 P1_1 灯
        return (events ^ SAMPLEAPP_SEND_PERIODIC_MSG_EVT);
    }
}
```

（9）在SampleApp_ProcessEvent系统事件处理函数中，一旦协调器按键按下之后，广播无线发送字符串"ONOFF"信息至终端节点模块，主要功能实现代码如下面代码段中的斜体字部分：

```
uint16 SampleApp_ProcessEvent( uint8 task_id, uint16 events )
{
  afIncomingMSGPacket_t *MSGpkt;
  (void)task_id;  // Intentionally unreferenced parameter
  ...
  if ( events & MY_MSG_EVT )
  {
    if(0 == P1_2)
    { //按钮 2 按下
        char theMessageData[] = "ONOFF";
        SampleApp_Periodic_DstAddr.addrMode = (afAddrMode_t) AddrBroadcast;
        SampleApp_Periodic_DstAddr.addr.shortAddr = 0xFFFF;
            //接收模块终端节点的广播网络地址
        SampleApp_Periodic_DstAddr.endPoint =SAMPLEAPP_ENDPOINT ;
            //接收模块的端点房间号
        AF_DataRequest( &SampleApp_Periodic_DstAddr,
                        &SampleApp_epDesc,
                        SAMPLEAPP_PERIODIC_CLUSTERID,
                        (byte)osal_strlen( theMessageData ) + 1,
                        //发送字符的长度
                        theMessageData,  //字符串内容数组的首地址
                        &SampleApp_TransID,
                        AF_DISCV_ROUTE,
                        AF_DEFAULT_RADIUS );
    }
    return (events ^ MY_MSG_EVT);
  } // Discard unknown events
  return 0;
}
```

（10）一旦终端节点模块收到协调器模块按键按下广播无线发送过来的字符串信息之后，调用 SampleApp_MessageMSGCB 函数进行判断，如果收到是字符串"ONOFF"，就将控制终端节点模块的 P1_6 引脚的继电器模块，主要功能实现代码如下面代码段中的斜体字部分：

```
void SampleApp_MessageMSGCB ( afIncomingMSGPacket_t *pkt )
{
  uint16 flashTime;
  switch ( pkt->clusterId )
  {
    case SAMPLEAPP_PERIODIC_CLUSTERID:
      if(pkt->cmd.Data[0] == 'O'&pkt->cmd.Data[1]=='N'&pkt->cmd.
        Data[2] == 'O'& pkt->cmd.Data[3] == 'F'&pkt->cmd.
Data[4] == 'F')
        //如果收到的是 ONOFF 就闭合或者断开继电器
        {
          P1SEL &= ~0x40;
          P1DIR |= 0x40;
          P1_6 ^= 1;              //实现继电器断开和闭合操作
        }
      break;
      ...
  }
}
```

5. 下载程序至协调器模块和终端设备模块

（1）选择 CoordinatorEB 选项，单击图 3-44 所示的三角下载按钮 ，将程序通过 PC 端下载至设备中的协调器模块中。

视 频

项目3 协调器按键
无线控制终端节点
设备应用视频3

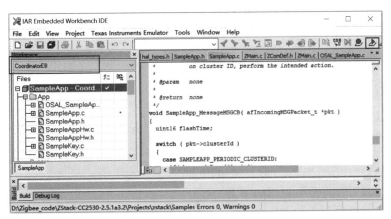

图 3-44　下载程序至协调器

（2）当下载过程中出现如图 3-45 所示的界面之后，先单击"全速运行"按钮，再单击打叉按钮 ✖，完成整个程序的下载。

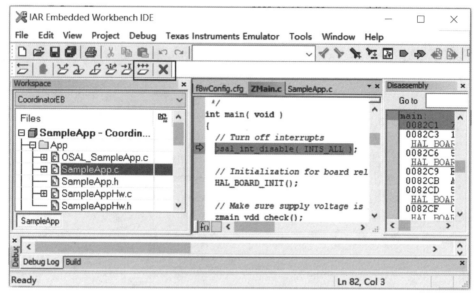

图 3-45　完成程序下载

（3）选择 EndDevice 选项，单击图 3-46 所示的三角下载按钮 ⬆，将程序通过 PC 端下载至设备中的终端节点模块中。

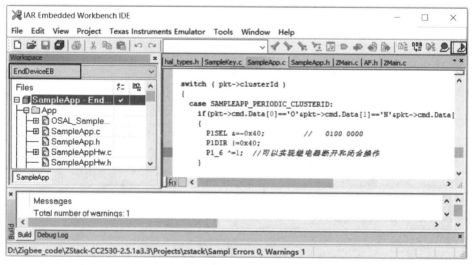

图 3-46　下载程序至终端节点模块

（4）当下载过程中出现图 3-47 所示的界面之后，先单击"全速运行"按钮，再单击打叉按钮 ✖，完成整个程序的下载。

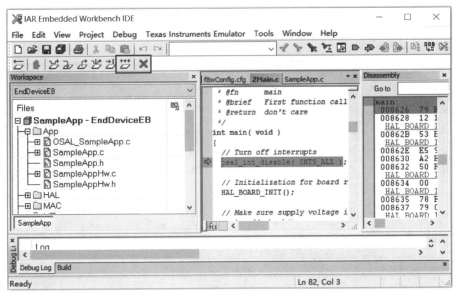

图 3-47　完成程序下载

6. 程序运行效果

（1）协调器组网成功之后，点亮协调器模块上 LED1 和 LED2 灯，按下按键 SW1，如图 3-48 所示。

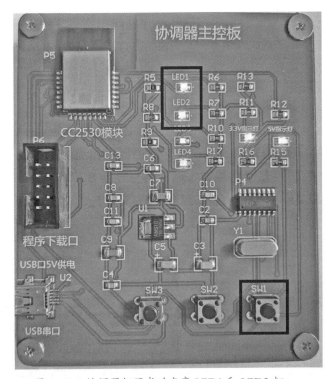

图 3-48　协调器组网成功点亮 LED1 和 LED2 灯

（2）终端节点收到协调器按键SW1发送字符串消息之后，控制继电器断开和闭合，如图3-49所示。

图3-49 终端节点收到协调器按键信息开启继电器

拓展任务

任务描述

通过本项目三个任务的按键操作训练，同学们已经掌握了协调器节点按键和终端节点的按键控制机制。本次任务在协调器组建网络成功之后，将终端设备模块加入无线传感网络，一旦成功加入网络之后，通过单击协调器模块上按键触发中断，在中断处理中再触发系统事件产生，接着在系统事件处理函数中以广播方式无线发送字符串信息，最后到终端节点模块后，控制风扇的闭合和断开操作。

任务要求

（1）协调器成功上电，终端节点组网成功后，按键sw1触发终端，发送数据"on"。

（2）协调器成功上电，终端节点组网成功后，按键sw2触发终端，发送数据"off"。

（3）终端收到"on"，闭合继电器，收到"off"，断开继电器。

项 目 评 价 表

评价要素		分值	学生自评 30%	项目组互评 20%	教师评分 50%	各项总分	合计总分
协调器组网按键控制应用	完成代码	10					
	协调器组网按键控制应用	10					
终端节点加入网络按键控制应用	完成代码	10					
	终端节点加入网络按键控制应用	10					
协调器按键无线控制终端节点设备应用	完成代码	10					
	协调器按键无线控制终端节点设备应用	10					
拓展训练	完成拓展训练	10					
项目总结报告		10	教师评价				
素质考核	工作操守	5					
	学习态度	5					
	合作与交流	5					
	出勤	5					
学生自评签名： 日期：		项目组互评签名： 日期：			教师签名： 日期：		
补充说明：							

无线传感网络串口通信应用

项目情境

串口通信是 ZigBee 协调器和用户计算机交互的一种通信方式。协调器将终端节点上的传感器采集的数据通过串口发送给上位机，或者协调器接收上位机通过串口发送过来的命令。通过正确使用串口通信，可以对 ZigBee 无线传感网络数据传输有极大的促进作用。

本项目首先通过协调器组网之后，按键控制向 PC 端串口发送字符串，然后终端节点加入无线传感网络之后，通过单播方式无线发送字符串到达协调器，并通过串口通信在 PC 端实时显示，最后协调器再以广播方式无线发送至终端节点，实现对风扇的运行和停止控制。

学习目标

知识目标

- ■ 掌握串口通信处理流程
- ■ 掌握串口参数设置方式
- ■ 掌握协调器串口通信方式
- ■ 掌握 PC 端与协调器之间串口通信

技能目标

- ■ 会使用协调器组网串口通信
- ■ 会使用终端节点发送字符串传输至 PC 端串口显示
- ■ 会使用 PC 端串口通信控制终端节点继电器

任务 4.1　协调器组网串口通信应用

任务描述

本次任务先通过串口通信方式掌握 ZigBee 的串口通信机制。当物联网设备中的主控模块构建无线传感网络成为协调器之后，通过单击协调器模块上按键触发中断，在中断处理中再触发系统事件产生，接着在系统事件处理函数中串口发送字符串信息，并通过 PC 端输出字符串信息。

任务分析

物联网的设备模块主要包括基于 CC2530 的无线通信模块和 LED 灯。当主控模块加电启动运行时，CC2530 的无线通信模块开始执行协议栈代码，当执行到应用层 SampleApp_Init 初始化函数时，开始调用 MT 层串口初始化函数，并把串口事件通过任务 ID 登记在 SampleApp_Init 初始化函数中。当主控模块网络运行状态为协调器网络状态时，表示协调器设备模块已成为协调器角色，这时通过单击协调器上的按键触发外部中断产生，在按键中断处理函数中调用 osal_set_event 函数触发 SAMPLEAPP_SEND_PERIODIC_MSG_EVT 系统事件产生，从而在 SampleApp_ProcessEvent 系统事件处理函数中，向串口输出一串字符串信息，如图 4-1 所示。

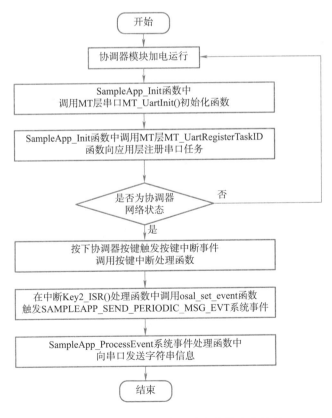

视频

项目4 协调器
组网串口通信
应用视频1

图 4-1　协调器模块通过串口输出字符串流程图

操作方法与步骤

1. 运行 ZStack 协议栈工程项目

（1）打开 IAR Embedded Workbench for 8051 8.10 Evaluation → IAR Embedded Workbench 开发平台，如图 4-2 所示。

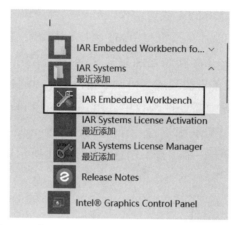

图 4-2　打开 IAR Embedded Workbench 开发平台

（2）选择 File → Open → Workspace 选项，如图 4-3 所示。

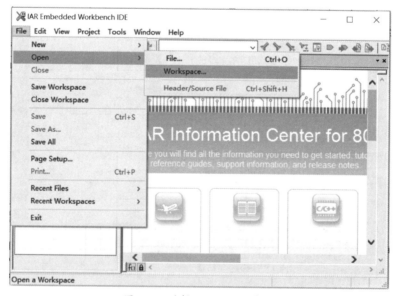

图 4-3　选择 Workspace 选项

（3）打开目录 D:\Zigbee_code\ZStack-CC2530-2.5.1a_4.1\Projects\zstack\Samples\ SampleApp\CC2530DB 里面的 SampleApp.eww 工程文件，如图 4-4 所示。

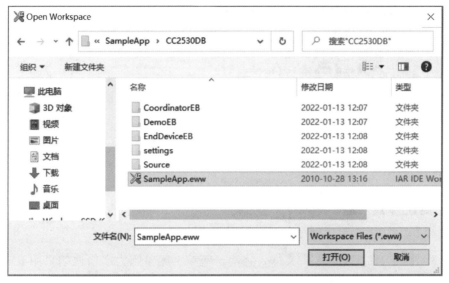

图 4-4　打开 SampleApp.eww 工程文件

（4）在图 4-5 所示界面左侧的 Workspace 项的下拉列表中选择 CoordinatorEB 选项之后，打开 SampleApp.c 文件，界面右侧所示所有代码均为协调器节点服务。

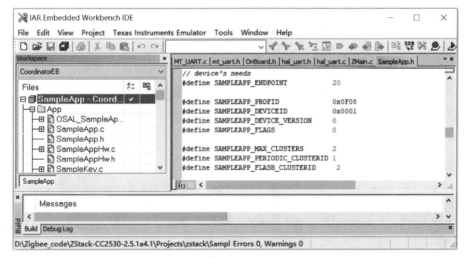

图 4-5　选择 CoordinatorEB 选项

2. 编写项目功能代码

（1）在 SampleApp_Init 函数中初始化串口通信，主要功能实现代码如下面代码段中的斜体字部分：

```
void SampleApp_Init( uint8 task_id )
{
  SampleApp_TaskID = task_id;
```

```
SampleApp_NwkState = DEV_INIT;
SampleApp_TransID = 0;
MT_UartInit();                        //MT层串口初始化函数
MT_UartRegisterTaskID(task_id);       //向应用任务ID登记串口事件
...
}
```

（2）打开 MT_UART.h 头文件，将串口波特率修改为 115200，主要功能实现代码如下面代码段中的斜体字部分：

```
#if !defined MT_UART_DEFAULT_BAUDRATE
  #define MT_UART_DEFAULT_BAUDRATE              HAL_UART_BR_115200
#endif
```

（3）打开 MT_UART.h 头文件，将串口流控关闭，因为串口通信只用 RX 和 TX 两根线，主要功能实现代码如下面代码段中的斜体字部分：

```
#if !defined( MT_UART_DEFAULT_OVERFLOW )
  #define MT_UART_DEFAULT_OVERFLOW              FALSE
#endif
```

（4）由于协议栈串口发送采用了 MT 层定义的串口发送格式，使得一些不需要的调试信息也在串口通信时出现，需要在预编译时将其去除。此外，由于协议栈串口发送采用了 MT 层定义的串口发送格式，使得一些不需要的调试信息也在串口通信时出现，需要在预编译时将其去除。在 IAR 环境中，具体的操作方法如下：

① 在 CoordinatorEB 工程上右击，在弹出的快捷菜单中选择 Options 选项，如图 4-6 所示。

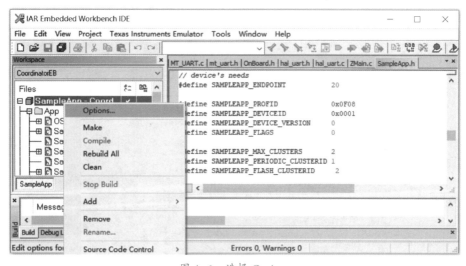

图 4-6　选择 Options

② 在弹出的 Options for node "SampleApp" 对话框中，选择 C/C++ Compiler 标签，在窗口右侧选择 Preprocessor 标签，然后在 Defined symbols 列表框中将 MT 和 LCD 相关的内容前用 x 符号进行注释掉，最后单击 OK 按钮即可，如图 4-7 所示。

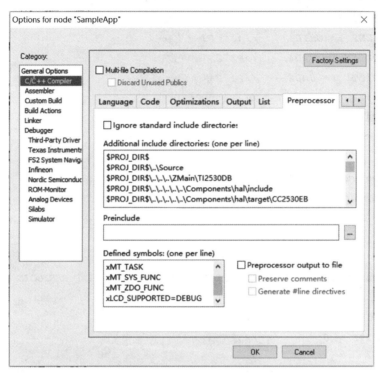

图 4-7　注释相关语句

（5）在 SampleKey.h 文件中添加按键初始化函数声明，主要功能实现代码如下面代码段中的斜体字部分：

```
#ifndef SAMPLEKEY_H
  #define SAMPLEKEY_H
  void KeysIntCfg();

#endif
```

（6）在 SampleKey.c 文件中主要完成按键初始化函数和 P1_2 按键按下中断处理函数实现，并在 Key2_ISR() 中断处理函数中调用 osal_set_event 函数，触发 SAMPLEAPP_SEND_PERIODIC_MSG_EVT 系统事件产生，主要功能实现代码如下面代码段中的斜体字部分：

```
#include <iocc2530.h>
#include "SampleApp.h"
#include "OSAL_Timers.h"
```

```
#include "OSAL.h"
#include "OnBoard.h"
extern unsigned char SampleApp_TaskID;
void KeysIntCfg()          //针对 P1_2 按键中断
{      //Key2
    IEN2 |= 0x10;      //使能 P1 口中断
    P1IEN |= 0x04;     //P1_2 中断使能
    PICTL |= 0x02;     //P1_2 下降沿触发
    P1IFG = 0x00;      //初始化中断标志
    EA = 1;            //开总中断
}


#pragma vector=P1INT_VECTOR
__interrupt void Key2_ISR()      //P1_2 按键
{
    if(P1IFG & 0X04)
    {
      osal_set_event( SampleApp_TaskID,SAMPLEAPP_SEND_PERIODIC_MSG_EVT);
    }
    P1IFG = 0;         //清中断标志
    P1IF = 0;          //清中断标志
}
```

（7）打开 ZMain.c 文件，添加按键初始化函数，主要功能实现代码如下面代码段中的斜体字部分：

```
int main( void )
{
  ...
#ifdef WDT_IN_PM1
   /* If WDT is used, this is a good place to enable it. */
   WatchDogEnable( WDTIMX );
  #endif
  KeysIntCfg();
  osal_start_system(); // No Return from here

  return 0;  // Shouldn't get here.
} // main()
```

（8）打开 hal_board_cfg.h 头文件，将系统所设置的宏定义按键参数 HAL_KEY 改为 FALSE，表示采用自定义按键功能，主要功能实现代码如下面代码段中的斜体

字部分:

```
/* Set to TRUE enable KEY usage, FALSE disable it */
#ifndef HAL_KEY
  #define HAL_KEY FALSE
#endif
```

（9）在 SampleApp_ProcessEvent 系统事件处理函数中，通过协调器 P1.2 按键按下触发系统事件，从而向串口发送字符串信息，主要功能实现代码如下面代码段中的斜体字部分:

```
uint16 SampleApp_ProcessEvent( uint8 task_id, uint16 events )
{
  afIncomingMSGPacket_t *MSGpkt;
  (void)task_id;  // Intentionally unreferenced parameter
  ...
  if ( events & SAMPLEAPP_SEND_PERIODIC_MSG_EVT )
  {
    if(0 == P1_2)
    {
      HalUARTWrite(0,"received data\n",14);//向串口发送信息
    }
    return (events ^ SAMPLEAPP_SEND_PERIODIC_MSG_EVT);
  }
}
```

3. 下载程序至协调器模块

（1）通过 USB 线缆一端连接 CC2530 仿真器接口，另一端连接 PC 端的 USB 接口，再将仿真器的扁型电缆插入到协调器模块上的 JTAG 程序下载口，如图 4-8 所示。

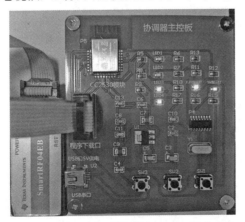

视 频

项目4 协调器组网串口通信应用视频2

图 4-8　仿真器连接模块 JTAG 程序下载口

（2）单击图4-9所示的三角下载按钮，将程序通过PC端下载至设备中的CC2530模块中。

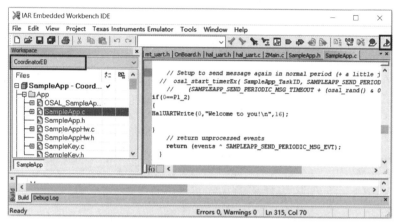

图4-9　下载协议栈程序至协调器

（3）当下载过程中出现图4-10所示的界面之后，先单击"全速运行"按钮，再单击打叉按钮，完成整个程序的下载。

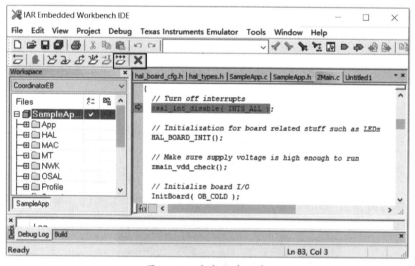

图4-10　完成程序下载

4. 物联网协调器模块程序运行效果

（1）协调器模块上电运行之后，按下协调器上的SW1按键，向PC端发送串口数据，如图4-11所示。

（2）PC端打开串口调试工具，正确设置串口名称和波特率参数，当按下协调器模块上的SW1按键，可以看到协调器输出数据到串口调试工具，每按键一次触发一行字符串信息，如图4-12所示。

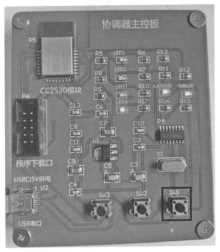

图 4-11　协调器模块上电运行

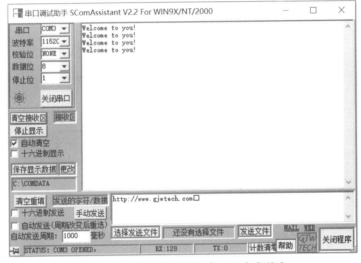

视　频

项目4　协调器
组网串口通信
应用视频3

图 4-12　按键触发协调器向串口输出字符串

任务 4.2　终端节点加入网络串口通信应用

任务描述

　　在上一个任务中通过串口通信方式掌握 ZigBee 的串口通信机制，实现协调器加电初始化运行之后，能够通过串口通信方式向 PC 端输出一个字符串信息。本次任务在协调器组建网络成功之后，将终端设备模块加入无线传感网络，当网络状态变成终端节点角色之后，终端节点模块开始周期性地通过单播方式无线发送字符串信息，最后到达协调器模块后，通过串口通信在 PC 端实时显示。

任务分析

物联网设备的协调器模块主要包括基于 CC2530 的无线通信模块、按键和 LED 灯，同时终端设备模块包括相关传感器及控制机构。一方面当协调器模块加电启动运行时，CC2530 的无线通信模块开始组建无线传感网络，当网络运行状态为协调器网络状态时，触发系统事件，点亮两盏 LED 灯，表示协调器模块已成为协调器。另一方面将终端设备模块加电加入无线传感网络，当网络状态变成终端节点角色之后，终端节点模块开始周期性的通过单播方式无线发送字符串信息，最后到达协调器模块后调用 SampleApp_MessageMSGCB 函数收到字符信息，通过串口通信在 PC 端实时显示，如图 4-13 所示。

视频
项目4 终端节点
加入网络串口通
信应用视频1

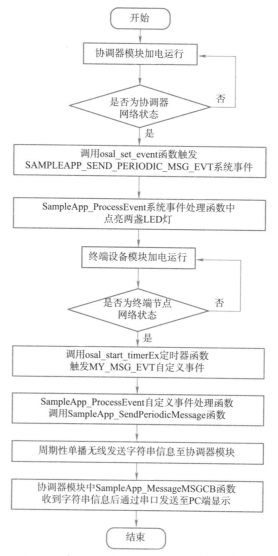

图 4-13 终端节点模块加入网络发送字符串信息流程图

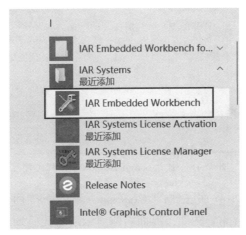 操作方法与步骤

1. 运行 ZStack 协议栈工程项目

（1）打开 IAR Embedded Workbench for 8051 8.10 Evaluation → IAR Embedded Workbench 开发平台，如图 4-14 所示。

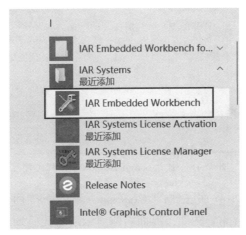

图 4-14　打开 IAR Embedded Workbench 开发平台

（2）选择 File → Open → Workspace 选项，如图 4-15 所示。

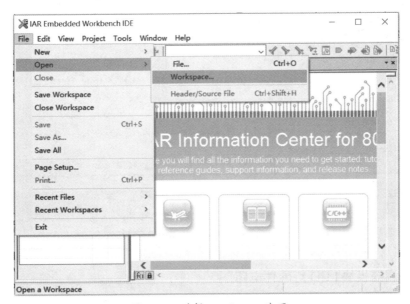

图 4-15　选择 Workspace 选项

（3）打开目录 D:\Zigbee_code\ZStack-CC2530-2.5.1a_4.2\Projects\zstack\Samples\ SampleApp\ CC2530DB 里面的 SampleApp.eww 工程文件，如图 4-16 所示。

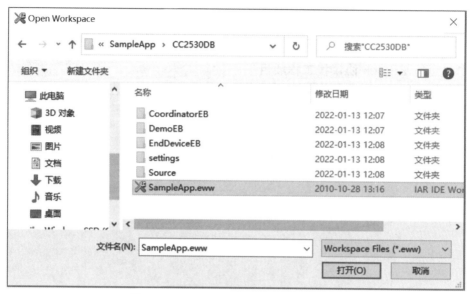

图 4-16　打开 SampleApp.eww 工程文件

（4）在图 4-17 所示界面左侧的 WorkSpace 项的下拉列表中选择 CoordinatorEB 选项之后，打开 SampleApp.c 文件，界面右侧所示所有代码均为协调器节点服务。

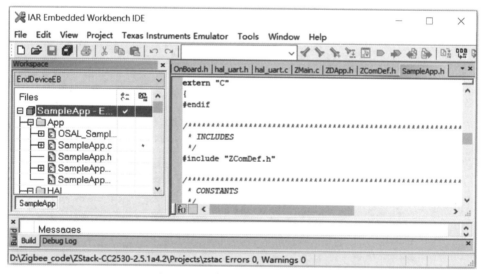

图 4-17　选择 CoordinatorEB 选项

2. 协调器模块 LED 灯硬件电路

协调器模块上 CC2530 通信模块的 P1_0 引脚连接 LED1 灯，P1_1 引脚连接另一个 LED2 灯，通过输出高低电平可以点亮或者熄灭 LED 灯，如图 4-18 所示。

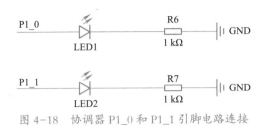

图 4-18 协调器 P1_0 和 P1_1 引脚电路连接

3. 编写项目功能代码

（1）在 SampleApp_Init 函数中初始化串口通信，完成物联网设备中的 P1_0 和 P1_1 两盏 LED 灯的初始化操作，主要功能实现代码如下面代码段中的斜体字部分：

```
void SampleApp_Init( uint8 task_id )
{
  SampleApp_TaskID = task_id;
  SampleApp_NwkState = DEV_INIT;
  SampleApp_TransID = 0;
  MT_UartInit();                      //MT层串口初始化函数
  MT_UartRegisterTaskID(task_id);     //向应用任务ID登记串口事件
  P1SEL &= ~0x03;
  P1DIR |= 0x03;
  ...
}
```

（2）打开 MT_UART.h 头文件，将串口波特率修改为 115200，主要功能实现代码如下面代码段中的斜体字部分：

```
#if !defined MT_UART_DEFAULT_BAUDRATE
  #define MT_UART_DEFAULT_BAUDRATE          HAL_UART_BR_115200
#endif
```

（3）打开 MT_UART.h 头文件，将串口流控关闭，因为串口通信只用 RX 和 TX 两根线，主要功能实现代码如下面代码段中的斜体字部分：

```
#if !defined( MT_UART_DEFAULT_OVERFLOW )
#define MT_UART_DEFAULT_OVERFLOW          FALSE
#endif
```

（4）打开 SampleApp.h 头文件，添加自定义事件 MY_MSG_EVT，主要功能实现代码如下面代码段中的斜体字部分：

```
#define SAMPLEAPP_ENDPOINT          20
#define SAMPLEAPP_PROFID            0x0F08
```

```
#define SAMPLEAPP_DEVICEID                  0x0001
#define SAMPLEAPP_DEVICE_VERSION            0
#define SAMPLEAPP_FLAGS                     0
#define SAMPLEAPP_MAX_CLUSTERS              2
#define SAMPLEAPP_PERIODIC_CLUSTERID 1
#define SAMPLEAPP_FLASH_CLUSTERID      2
// Send Message Timeout
#define SAMPLEAPP_SEND_PERIODIC_MSG_TIMEOUT   5000    // Every 5 seconds
// Application Events (OSAL) - These are bit weighted definitions.
#define SAMPLEAPP_SEND_PERIODIC_MSG_EVT       0x0001

#define MY_MSG_EVT                            0x0002

// Group ID for Flash Command
#define SAMPLEAPP_FLASH_GROUP                 0x0001
// Flash Command Duration - in milliseconds
#define SAMPLEAPP_FLASH_DURATION              1000
```

（5）在 ZDO_STATE_CHANGE 网络状态改变消息处理中，协调器模块调用 osal_set_event 函数触发协调器的 SAMPLEAPP_SEND_PERIODIC_MSG_EVT 系统事件，终端节点模块调用 osal_start_timerEx 定时器函数触发 MY_MSG_EVT 自定义事件，主要功能实现代码如下面代码段中的斜体字部分：

```
uint16 SampleApp_ProcessEvent( uint8 task_id, uint16 events )
{
  afIncomingMSGPacket_t *MSGpkt;
  (void)task_id;  // Intentionally unreferenced parameter
  if ( events & SYS_EVENT_MSG )
  {
    MSGpkt=(afIncomingMSGPacket_t*)osal_msg_receive( SampleApp_TaskID );
    while ( MSGpkt )
    {
      switch ( MSGpkt->hdr.event )
      {
        ...
        case ZDO_STATE_CHANGE:
          SampleApp_NwkState = (devStates_t)(MSGpkt->hdr.status);
          if (SampleApp_NwkState == DEV_ZB_COORD)
          {
          osal_set_event(SampleApp_TaskID,SAMPLEAPP_SEND_PERIODIC_
```

```
MSG_EVT);
        }
        if (SampleApp_NwkState == DEV_END_DEVICE)
        {
        osal_start_timerEx( SampleApp_TaskID,
                    MY_MSG_EVT,
                    SAMPLEAPP_SEND_PERIODIC_MSG_TIMEOUT );
        }
        break;
      default:
        break;
    }
    osal_msg_deallocate( (uint8 *)MSGpkt );
    MSGpkt = (afIncomingMSGPacket_t *)osal_msg_receive( SampleApp_
TaskID );
    }
    return (events ^ SYS_EVENT_MSG);
  }
  return 0;
}
```

（6）在 SampleApp_ProcessEvent 系统事件处理函数中，一旦协调器组建网络成功之后，将协调器上的 P1_0 引脚和 P1_1 引脚所对应的 LED 灯点亮，主要功能实现代码如下面代码段中的斜体字部分：

```
uint16 SampleApp_ProcessEvent( uint8 task_id, uint16 events )
{
  afIncomingMSGPacket_t *MSGpkt;
  (void)task_id;        // Intentionally unreferenced parameter
  ...
  if ( events & SAMPLEAPP_SEND_PERIODIC_MSG_EVT)
  {
    P1_0 = 1;          //高电平点亮协调器 P1_0 灯
    P1_1 = 0;          //高电平点亮协调器 P1_1 灯
    return (events ^ SAMPLEAPP_SEND_PERIODIC_MSG_EVT);
  }
}
```

（7）在 SampleApp_ProcessEvent 自定义 MY_MSG_EVT 事件处理函数中，终端节点模块调用 SampleApp_SendPeriodicMessage 函数，并在 osal_start_timerEx 定时器函数触发 MY_MSG_EVT 自定义事件，实现周期性地调用 SampleApp_SendPeriodicMessage

函数，主要功能实现代码如下面代码段中的斜体字部分：

```
uint16 SampleApp_ProcessEvent( uint8 task_id, uint16 events )
{
  afIncomingMSGPacket_t *MSGpkt;
  (void)task_id;   // Intentionally unreferenced parameter
  ...
  if ( events & MY_MSG_EVT )
  {
    SampleApp_SendPeriodicMessage();

    osal_start_timerEx( SampleApp_TaskID,
                        MY_MSG_EVT,
            SAMPLEAPP_SEND_PERIODIC_MSG_TIMEOUT );
      return (events ^ MY_MSG_EVT);
  }
  // Discard unknown events
  return 0;
}
```

（8）在 SampleApp_SendPeriodicMessage 函数中，调用无线发送函数单播方式发送字符串信息至协调器模块，主要功能实现代码如下面代码段中的斜体字部分：

```
void SampleApp_SendPeriodicMessage( void )
{
  uint8 theMessageData[4] = {'2','0','2','2'};
  SampleApp_Periodic_DstAddr.addrMode = (afAddrMode_t)Ad
dr16Bit;
  // 接收模块协调器的网络地址
  SampleApp_Periodic_DstAddr.addr.shortAddr = 0x0000;
  // 接收模块的端点号
  SampleApp_Periodic_DstAddr.endPoint = SAMPLEAPP_ENDPOINT;
  AF_DataRequest( &SampleApp_Periodic_DstAddr, &SampleApp_epDesc,
                  SAMPLEAPP_PERIODIC_CLUSTERID,
                  4,// 发送字符的长度
                  theMessageData,// 字符串内容数组的首地址
                  &SampleApp_TransID,
                  AF_DISCV_ROUTE,
                  AF_DEFAULT_RADIUS );
}
```

（9）一旦协调器模块收到终端节点模块周期性地无线发送过来的字符串信息之后，调用 SampleApp_MessageMSGCB 函数进行接收，并通过串口通信在 PC 端实时显示，主要功能实现代码如下面代码段中的斜体字部分：

```
void SampleApp_MessageMSGCB ( afIncomingMSGPacket_t *pkt )
{
  uint16 flashTime;
  switch ( pkt->clusterId )
  {
    case SAMPLEAPP_PERIODIC_CLUSTERID:
      HalUARTWrite(0,"received data\n",14);
      HalUARTWrite(0, &pkt->cmd.Data[0],4);    //串口打印收到数据
      HalUARTWrite(0,"\n",1);                  //回车换行
      ...
  }
}
```

- - - ● 视频

项目4 终端节点
加入网络串口通
信应用视频2

4. 下载程序至协调器模块和终端节点模块

（1）选择 CoordinatorEB 选项，单击图 4-19 所示的三角下载按钮，将程序通过 PC 端下载至设备中的协调器模块中。

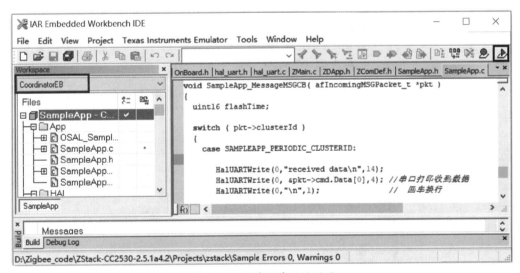

图 4-19　下载程序至协调器

（2）当下载过程中出现图 4-20 所示的界面之后，先单击"全速运行"按钮，再单击打叉按钮，完成整个程序的下载。

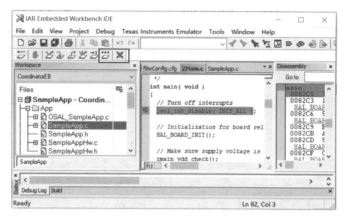

图 4-20　完成程序下载

（3）选择 EndDevice 选项，单击图 4-21 所示的三角下载按钮 ，将程序通过 PC 端下载至设备中的终端节点模块中。

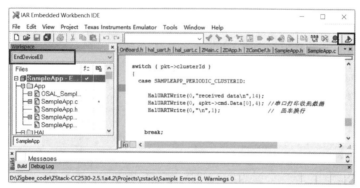

图 4-21　下载程序至终端节点模块

（4）当下载过程中出现图 4-22 所示的界面之后，先单击"全速运行"按钮，再单击打叉按钮 ，完成整个程序的下载。

图 4-22　完成程序下载

5. 物联网协调器模块程序运行效果

（1）协调器组网成功之后，点亮协调器模块上 LED1 和 LED2 灯，如图 4-23 所示。

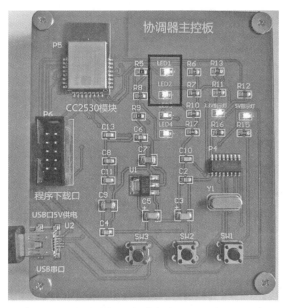

图 4-23　协调器组网成功点亮 LED1 和 LED2 灯

（2）终端节点一旦加入协调器网络之后，将周期性地发送字符串消息给协调器，如图 4-24 所示。

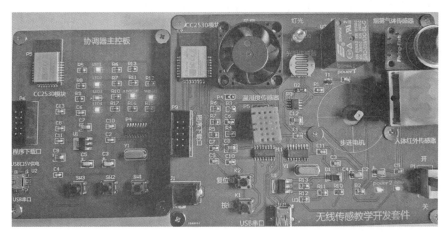

图 4-24　协调器收到终端节点按键信息后熄灭灯

（3）打开串口调试工具，正确设置工具中的串口和波特率参数，可以看到协调器周期性地输出字符串信息到 PC 端串口工具中，如图 4-25 所示。

图 4-25　串口数据周期性显示

视频

项目4 终端节点
加入网络串口通
信应用视频3

任务 4.3　协调器串口通信无线控制终端节点设备应用

任务描述

在上一个任务中通过协调器组建网络成功之后，将终端设备模块加入无线传感网络。当网络状态变成终端节点角色之后，终端节点模块开始周期性的通过单播方式无线发送字符串信息，最后到达协调器模块后，通过串口通信在 PC 端实时显示。本次任务在协调器组建网络成功之后，将终端设备模块加入无线传感网络，一旦成功加入网络之后，PC 端通过串口发送字符串信息至协调器，然后协调器收到之后再以广播方式无线发送至终端节点模块，最后到终端节点模块后，控制风扇的运行和停止操作。

任务分析

物联网设备的协调器模块主要包括基于 CC2530 的无线通信模块、按键和 LED 灯，同时终端设备模块包括相关传感器及控制机构。一方面当协调器模块加电启动运行时，CC2530 的无线通信模块开始组建无线传感网络，当网络运行状态为协调器网络状态时，触发系统事件，点亮两盏 LED 灯，表示协调器模块已成为协调器。另一方

面将终端设备模块加电加入无线传感网络，当网络状态变成终端节点角色之后，PC
端通过串口通信方式发送字符串至协调器模块，协调器模块收到之后再以广播方式无
线发送字符串信息，最后到达终端节点模块，控制风扇的运行和停止操作，如图 4-26
所示。

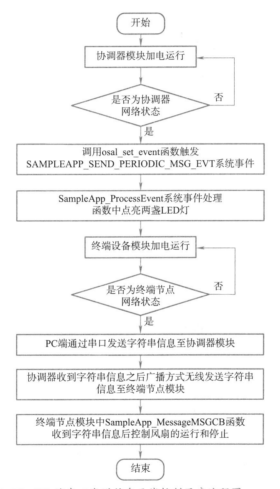

视 频

项目4 协调器串口
通信无线控制终端
节点设备应用视频1

图 4-26　PC 端串口发送信息无线控制风扇流程图

操作方法与步骤

1. 运行 ZStack 协议栈工程项目

（1）打开 IAR Embedded Workbench for 8051 8.10 Evaluation → IAR Embedded Workbench
开发平台，如图 4-27 所示。

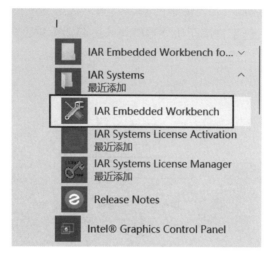

图 4-27 打开 IAR Embedded Workbench 开发平台

（2）选择 File → Open → Workspace 选项，如图 4-28 所示。

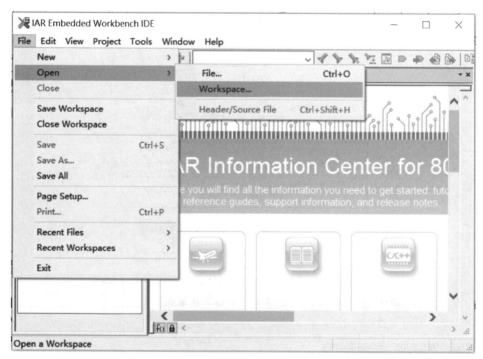

图 4-28 选择 Workspace 选项

（3）打开目录 D:\Zigbee_code\ZStack-CC2530-2.5.1a_4.3\Projects\zstack\Samples\
SampleApp\ CC2530DB 里面的 SampleApp.eww 工程文件，如图 4-29 所示。

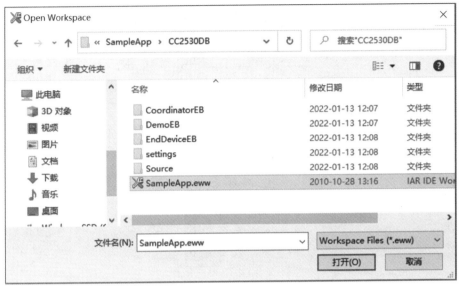

图 4-29 打开 SampleApp.eww 工程文件

（4）打开 ZStack-CC2530-2.5.1a_4.3 工程之后，其结构如图 4-30 所示。

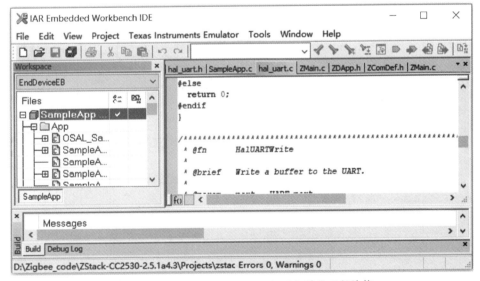

图 4-30 ZStack-CC2530-2.5.1a_4.3 项目工程结构

2. 协调器模块和终端模块的硬件电路

（1）协调器模块上 CC2530 通信模块的 P1_0 引脚连接 LED1 灯，P1_1 引脚连接另一个 LED2 灯，通过输出高低电平可以点亮或者熄灭 LED 灯，如图 4-31 所示。

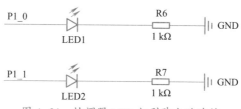

图 4-31 协调器 LED 灯引脚电路连接

（2）终端模块上 CC2530 通信模块的 P2_0 引脚连接风扇模块，通过输出高低电平可以控制风扇的运行和停止，如图 4-32 所示。

视频 ·---

项目4 协调器串口通信无线控制终端节点设备应用视频2

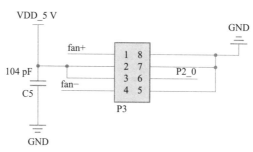

图 4-32 终端模块风扇电路连接

3. 编写项目功能代码

（1）在 SampleApp_Init 函数中初始化协调器模块 P1_0 和 P1_1 两盏 LED 灯，使之熄灭，主要功能实现代码如下面代码段中的斜体字部分：

```
void SampleApp_Init( uint8 task_id )
{
  SampleApp_TaskID = task_id;
  SampleApp_NwkState = DEV_INIT;
  SampleApp_TransID = 0;
  P1SEL &= ~0x03;
  P1DIR |= 0x03;
  ...
}
```

（2）在 SampleApp_Init 函数中定义串口结构图变量，然后通过赋值配置串口相关参数，如波特率、流控以及串口回调函数，主要功能实现代码如下面代码段中的斜体字部分：

```
void SampleApp_Init( uint8 task_id )
{
  SampleApp_TaskID = task_id;
  SampleApp_NwkState = DEV_INIT;
```

```
SampleApp_TransID = 0;
halUARTCfg_t uartConfig;                           //定义个串口结构体
uartConfig.configured = TRUE;                      //串口配置为真
uartConfig.baudRate = HAL_UART_BR_9600;            //波特率为 9600
uartConfig.flowControl = FALSE;                     //流控制为假
uartConfig.callBackFunc = rxCB;                     //定义串口回调函数，就是
当模块收从串口到外部设备数据时，会调用这个函数进行处理，
HalUARTOpen(HAL_UART_PORT_0,&uartConfig);//打开串口 0
...
}
```

（3）打开 SampleApp.c 文件，添加串口回调函数的声明，主要功能实现代码如下面代码段中的斜体字部分：

```
* LOCAL FUNCTIONS
 */
void SampleApp_HandleKeys( uint8 shift, uint8 keys );
void SampleApp_MessageMSGCB( afIncomingMSGPacket_t *pckt );
void SampleApp_SendPeriodicMessage( void );
void SampleApp_SendFlashMessage( uint16 flashTime );
static void rxCB(uint8 port,uint8 event);         //声明串口回调函数
```

（4）在 ZDO_STATE_CHANGE 网络状态改变消息处理中协调器调用 osal_set_event 函数触发协调器的 SAMPLEAPP_SEND_PERIODIC_MSG_EVT 系统事件，主要功能实现代码如下面代码段中的斜体字部分：

```
uint16 SampleApp_ProcessEvent( uint8 task_id, uint16 events )
{
  afIncomingMSGPacket_t *MSGpkt;
  (void)task_id;  // Intentionally unreferenced parameter
  if ( events & SYS_EVENT_MSG )
  {
    MSGpkt=(afIncomingMSGPacket_t*)osal_msg_receive(SampleApp_TaskID);
    while ( MSGpkt )
    {
      switch ( MSGpkt->hdr.event )
      {
        ...
        case ZDO_STATE_CHANGE:
          SampleApp_NwkState = (devStates_t)(MSGpkt->hdr.status);
          if (SampleApp_NwkState == DEV_ZB_COORD)
```

```
                {
                  osal_set_event( SampleApp_TaskID,SAMPLEAPP_SEND_PERIODIC_
MSG_EVT);
                }
        break;
            default:
              break;
          }
          osal_msg_deallocate( (uint8 *)MSGpkt );
          MSGpkt = (afIncomingMSGPacket_t *)osal_msg_receive( SampleApp_
TaskID );
        }
      return (events ^ SYS_EVENT_MSG);
    }
    return 0;
}
```

（5）在 SampleApp_ProcessEvent 系统事件处理函数中，一旦协调器组建网络成功之后，将协调器上的 P1_0 和 P1_1 引脚所对应的 LED 灯点亮，主要功能实现代码如下面代码段中的斜体字部分：

```
uint16 SampleApp_ProcessEvent( uint8 task_id, uint16 events )
{
  afIncomingMSGPacket_t *MSGpkt;
  (void)task_id;   // Intentionally unreferenced parameter
  ...
if ( events & SAMPLEAPP_SEND_PERIODIC_MSG_EVT)
  {
    P1_0 = 1;  //高电平点亮协调器 P1_0 灯
    P1_1 = 1;  //高电平点亮协调器 P1_1 灯
    return (events ^ SAMPLEAPP_SEND_PERIODIC_MSG_EVT);
  }
}
```

（6）每当协调器从 PC 端串口收到数据时，就会自动调用这个函数，以广播方式无线发送两个字节长度的的字符信息至终端节点模块，主要功能实现代码如下面代码段中的斜体字部分：

```
static void rxCB(uint8 port,uint8 event)
{
```

```
uint8 uartbuf[2];
HalUARTRead(0,uartbuf,2);//从串口读取两个字节的数据到 uartbuf 中
SampleApp_Periodic_DstAddr.addrMode = (afAddrMode_t)AddrBroadcast;
SampleApp_Periodic_DstAddr.endPoint = SAMPLEAPP_ENDPOINT;
SampleApp_Periodic_DstAddr.addr.shortAddr = 0xFFFF;
AF_DataRequest( &SampleApp_Periodic_DstAddr, &SampleApp_epDesc,
                SAMPLEAPP_PERIODIC_CLUSTERID,
                2,//发送字符的长度
                uartbuf,//字符串内容数组的首地址
                &SampleApp_TransID,
                AF_DISCV_ROUTE,
                AF_DEFAULT_RADIUS );
}
```

（7）一旦终端节点模块收到协调器无线发送过来的字符串信息之后，会调用
SampleApp_MessageMSGCB 函数进行接收，通过字符判断以控制风扇的运行和停止，
主要功能实现代码如下面代码段中的斜体字部分：

```
void SampleApp_MessageMSGCB ( afIncomingMSGPacket_t *pkt )
{
  uint16 flashTime;
  switch ( pkt->clusterId )
  {
    case SAMPLEAPP_PERIODIC_CLUSTERID:
      if(pkt->cmd.Data[0] == '2' & pkt->cmd.Data[1] == '1')
      {
          P2SEL &= ~0x01;
          P2DIR |= 0x01;
          P2_0 = 1;    //打开风扇
      }
      if(pkt->cmd.Data[0] == '2' & pkt->cmd.Data[1]=='0')
        {
          P2SEL &= ~0x01;
          P2DIR |= 0x01;
          P2_0 = 0;    //关闭风扇
        }
      ...
  }
}
```

视频

项目4 协调器串口
通信无线控制终端
节点设备应用视频3

113

4．下载程序至协调器模块和终端节点模块

（1）选择 CoordinatorEB 选项，单击图 4-33 所示的三角下载按钮，将程序通过 PC 端下载至设备中的协调器模块中。

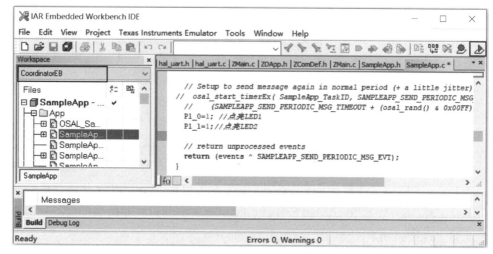

图 4-33　下载程序至协调器

（2）当下载过程中出现图 4-34 所示的界面之后，先单击"全速运行"按钮，再单击打叉按钮 ✖，完成整个程序的下载。

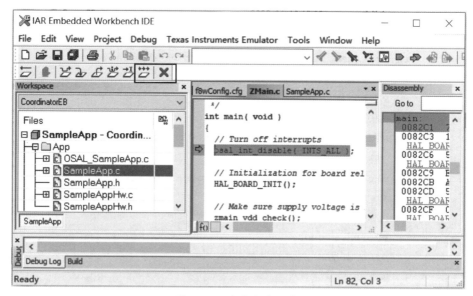

图 4-34　完成程序下载

（3）选择 EndDevice 选项，单击图 4-35 所示的三角下载按钮，将程序通过 PC 端下载至设备中的终端节点模块中。

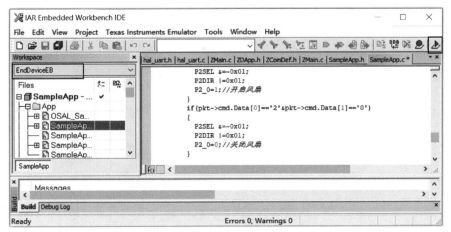

图 4-35　下载程序至终端节点模块

（4）当下载过程中出现图 4-36 所示的界面之后，先单击"全速运行"按钮，再单击打叉按钮 ✖ ，完成整个程序的下载。

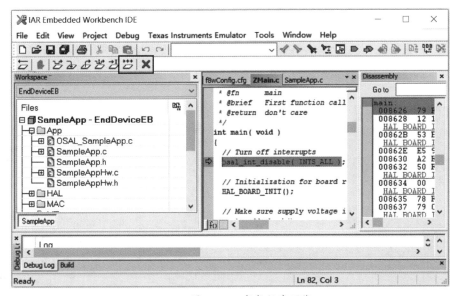

图 4-36　完成程序下载

5. 程序运行效果

（1）协调器组网成功之后，点亮协调器模块上的 LED1 和 LED2 灯，如图 4-37 所示。

（2）终端节点一旦加入协调器网络之后，PC 端通过串口调试工具在输入窗口输入字符串"21"，单击"手动发送"按钮，如图 4-38 所示，完成风扇打开操作。

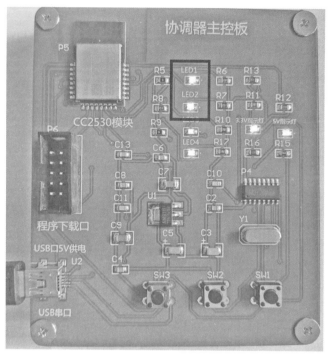

图 4-37 协调器组网成功指示灯点亮

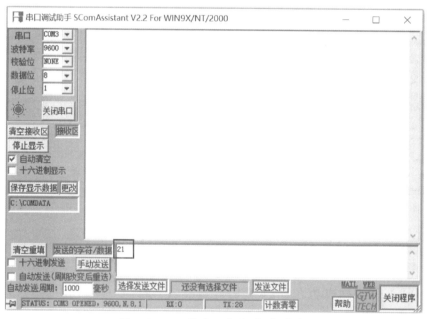

图 4-38 PC 端串口发送 "21" 信息

（3）终端节点收到协调器发送字符串 "21" 消息之后，控制风扇开启，如图 4-39 所示。

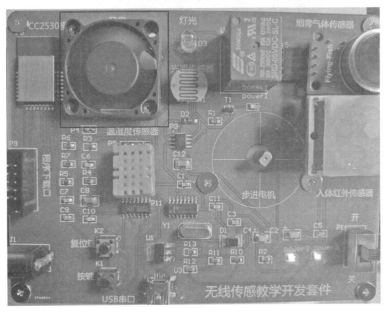

图 4-39　终端节点收到协调器信息开启风扇

拓 展 任 务

任务描述

通过项目四的三个任务串口通信操作训练，同学们已经掌握了协调器节点串口和终端节点的串口通信机制。本次任务在协调器组建网络成功之后，将终端设备模块加入无线传感网络，一旦成功加入网络之后，PC端通过串口发送字符串信息至协调器，然后协调器收到之后再以广播方式无线发送至终端节点模块，最后到终端节点模块后，控制两盏 LED 灯的运行和停止操作。

任务要求

（1）协调器和终端模块成功组网后，通过 PC 串口工具输入字符串"LED"，控制终端节点的 LED 灯，输入字符串"FAN"，控制终端节点的风扇，能将终端节点上的设备状态实时告知协调器并且在串口显示对应信息。

（2）协调器和终端模块成功组网后，协调器上按键 SW1 控制终端节点的 LED 灯，按键 SW2 控制终端节点的风扇，能将终端节点上的设备状态实时告知协调器并且在串口显示对应信息。

项 目 评 价 表

评价要素		分值	学生自评 30%	项目组互评 20%	教师评分 50%	各项总分	合计总分
协调器组网串口通信应用	完成代码	10					
	完成协调器组网串口通信	10					
终端节点加入网络串口通信应用	完成代码	10					
	完成终端节点加入网络串口通信	10					
协调器串口通信无线控制终端节点设备应用	完成代码	10					
	完成协调器串口通信无线控制终端节点设备	10					
拓展训练	完成拓展训练	10					
项目总结报告		10	教师评价				
素质考核	工作操守	5					
	学习态度	5					
	合作与交流	5					
	出勤	5					
学生自评签名： 日期：		项目组互评签名： 日期：			教师签名： 日期：		
补充说明：							

无线传感网络温湿度采集应用

项目情境

随着科技水平的日益进步，物联网在农业及畜牧业生产中发挥越来越重要的作用，特别是一些经济作物的生产中，如需要确定环境中的温度、湿度对幼苗生产的影响等，这就需要温湿度传感器实时采集当前环境的温湿度数据，以期获得最佳的经济效益。

本项目首先通过协调器组网之后，终端节点加入网络并采集温湿度数据，无线发送至协调器完成 PC 端串口温湿度数据显示，然后根据采集的温度数据与阈值进行比较，实现风扇联动控制。

学习目标

知识目标

- 掌握温湿度传感器采集流程
- 掌握温湿度数据串口发送方式
- 掌握温湿度采集风扇联动控制程序设计
- 掌握温湿度采集风扇联动控制程序实现

技能目标

- 会使用设备通过串口通信获取温湿度信息
- 会使用温湿度传感器采集风扇联动控制

任务 5.1 终端节点温湿度采集协调器串口通信显示

任务描述

在上一个项目中通过协调器组建网络成功之后，将终端设备模块加入无线传感网络，一旦成功加入网络之后，PC 端通过串口发送字符串信息至协调器，然后协调器收到之后再以广播方式无线发送至终端节点模块，以控制风扇的运行和停止操作。本次任务协调器组建网络成功之后，将终端设备模块加入无线传感网络，一旦成功加入网络之后，终端节点模块将开始周期性的采集温湿度传感器数据，然后以单播方式无线发送至协调器模块，最后通过串口通信显示在 PC 端。

任务分析

物联网设备的协调器模块主要包括基于CC2530的无线通信模块、按键和LED灯，同时终端设备模块包括相关传感器及控制机构。一方面当协调器模块加电启动运行时，CC2530的无线通信模块开始组建无线传感网络，当网络运行状态为协调器网络状态时，触发系统事件，点亮一盏LED灯，表示协调器模块已成为协调器。另一方面将终端设备模块加电加入无线传感网络，当网络状态变成终端节点角色之后，终端节点模块开始周期性的通过单播方式无线发送温湿度数据信息，最后到达协调器模块后调用SampleApp_MessageMSGCB函数收到温湿度信息，通过串口通信在PC端实时显示温湿度信息，如图5-1所示。

视频

项目5 终端节点温
湿度采集协调器串
口通信显示视频1

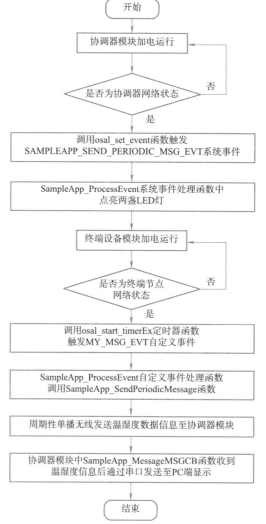

图 5-1 终端节点模块加入网络发送温湿度信息流程图

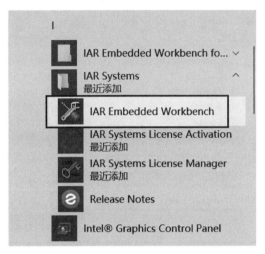

操作方法与步骤

1. 运行 ZStack 协议栈工程项目

（1）打开 IAR Embedded Workbench for 8051 8.10 Evaluation → IAR Embedded Workbench 开发平台，如图 5-2 所示。

图 5-2　打开 IAR Embedded Workbench 开发平台

（2）选择 File → Open → Workspace 选项，如图 5-3 所示。

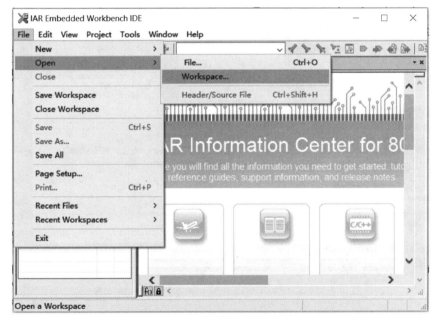

图 5-3　选择 Workspace 选项

（3）打开目录 D:\Zigbee_code\ZStack-CC2530-2.5.1a_5.1\Projects\zstack\Samples\SampleApp\ CC2530DB 里面的 SampleApp.eww 工程文件，如图 5-4 所示。

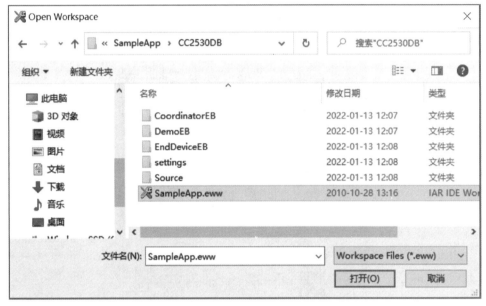

图 5-4　打开 SampleApp.eww 工程文件

（4）打开 ZStack-CC2530-2.5.1a_5.1 工程之后，其结构如图 5-5 所示。

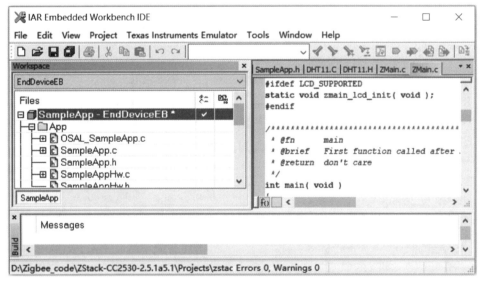

图 5-5　ZStack-CC2530-2.5.1a_5.1 项目工程结构

（5）右击工程中的 App 文件夹，在弹出的快捷菜单中选择 Add → Add Files 选项，添加温湿度传感器文件，如图 5-6 所示。

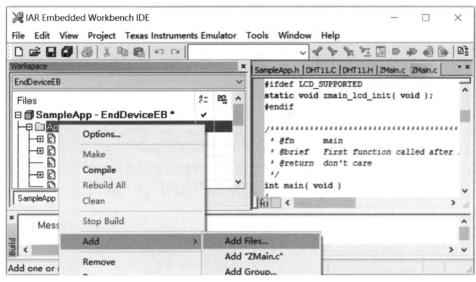

图 5-6　添加文件选项

（6）在图 5-7 所示对话框中，选择 DHT11.c 和 DHT11.h 文件，单击"打开"按钮，完成按键文件的添加。

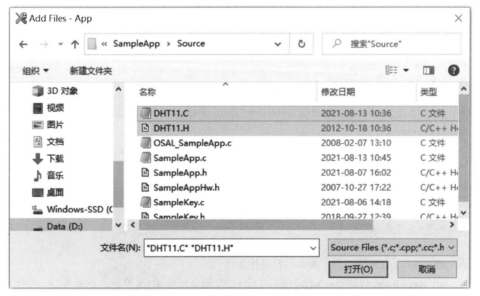

图 5-7　完成温湿度文件的添加

2. 协调器模块和终端模块的硬件电路

（1）协调器模块上 CC2530 通信模块的 P1_0 引脚连接 LED1 灯，P1_1 引脚连接另一个 LED2 灯，通过输出高低电平可以点亮或者熄灭 LED 灯，如图 5-8 所示。

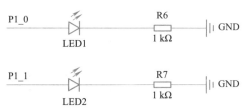

图 5-8　协调器 P1_0 和 P1_1 引脚电路连接

（2）终端模块上 CC2530 通信模块的 P1_7 引脚连接 DHT11 传感器，DHT11 数字温湿度传感器是一款含有已校准数字信号输出的温湿度复合传感器，它应用专用的数字模块采集技术和温湿度传感技术，通过单线制串行接口，可以采集当前环境温湿度数据，如图 5-9 所示。

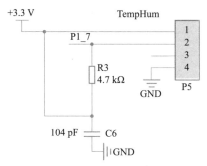

图 5-9　终端模块 P1.7 引脚电路连接

3. 编写项目功能代码

（1）在 SampleApp_Init 函数中初始化串口通信，主要功能实现代码如下面代码段中的斜体字部分：

```
void SampleApp_Init( uint8 task_id )
{
  SampleApp_TaskID = task_id;
  SampleApp_NwkState = DEV_INIT;
  SampleApp_TransID = 0;
  MT_UartInit();//MT 层串口初始化函数
  MT_UartRegisterTaskID(task_id);//向应用任务 ID 登记串口事件
  ...
}
```

（2）打开 MT_UART.h 头文件，将串口波特率修改为 115200，主要功能实现代码如下面代码段中的斜体字部分：

```
#if !defined MT_UART_DEFAULT_BAUDRATE
  #define MT_UART_DEFAULT_BAUDRATE          HAL_UART_BR_115200
```

```
#endif
```

（3）打开 MT_UART.h 头文件，将串口流控关闭，因为串口通信只用 RX 和 TX 两根线，主要功能实现代码如下面代码段中的斜体字部分：

```
#if !defined( MT_UART_DEFAULT_OVERFLOW )
  #define MT_UART_DEFAULT_OVERFLOW          FALSE
#endif
```

（4）在 SampleApp_Init 函数中初始化 P1_0 和 P1_1 两盏 LED 灯，使之熄灭，主要功能实现代码如下面代码段中的斜体字部分：

```
void SampleApp_Init( uint8 task_id )
{
  SampleApp_TaskID = task_id;
  SampleApp_NwkState = DEV_INIT;
  SampleApp_TransID = 0;
  P1SEL = 0x00;
  P1DIR |= 0x03;
  P1_0 = 0;           //初始化熄灭 P1_0 灯
  P1_1 = 0;           //初始化熄灭 P1_1 灯
  ...
}
```

（5）打开 SampleApp.h 头文件，添加自定义事件 MY_MSG_EVT，主要功能实现代码如下面代码段中的斜体字部分：

```
#define SAMPLEAPP_ENDPOINT          20
#define SAMPLEAPP_PROFID            0x0F08
#define SAMPLEAPP_DEVICEID          0x0001
#define SAMPLEAPP_DEVICE_VERSION    0
#define SAMPLEAPP_FLAGS             0
#define SAMPLEAPP_MAX_CLUSTERS      2
#define SAMPLEAPP_PERIODIC_CLUSTERID 1
#define SAMPLEAPP_FLASH_CLUSTERID   2
// Send Message Timeout
#define SAMPLEAPP_SEND_PERIODIC_MSG_TIMEOUT  5000 // Every 5 seconds
// Application Events (OSAL) - These are bit weighted definitions.
#define SAMPLEAPP_SEND_PERIODIC_MSG_EVT      0x0001

#define MY_MSG_EVT                           0x0002
```

```
// Group ID for Flash Command
#define SAMPLEAPP_FLASH_GROUP                    0x0001
// Flash Command Duration - in milliseconds
#define SAMPLEAPP_FLASH_DURATION                 1000
```

（6）在 ZDO_STATE_CHANGE 网络状态改变消息处理中，调用 osal_set_event 函数触发协调器的 SAMPLEAPP_SEND_PERIODIC_MSG_EVT 系统事件，调用 osal_start_timerEx 定时器函数触发 MY_MSG_EVT 自定义事件，主要功能实现代码如下面代码段中的斜体字部分：

```
uint16 SampleApp_ProcessEvent( uint8 task_id, uint16 events )
{
  afIncomingMSGPacket_t *MSGpkt;
  (void)task_id;  // Intentionally unreferenced parameter
  if ( events & SYS_EVENT_MSG )
  {
    MSGpkt=(afIncomingMSGPacket_t *)osal_msg_receive(SampleApp_TaskID);
    while ( MSGpkt )
    {
      switch ( MSGpkt->hdr.event )
      {
      ...
      case ZDO_STATE_CHANGE:
        SampleApp_NwkState = (devStates_t)(MSGpkt->hdr.status);
        if (SampleApp_NwkState == DEV_ZB_COORD)
        {
        osal_set_event( SampleApp_TaskID,SAMPLEAPP_SEND_PERIODIC_
MSG_EVT);
        }
        if (SampleApp_NwkState == DEV_END_DEVICE)
        {
          osal_start_timerEx(SampleApp_TaskID,
                             MY_MSG_EVT,
                             SAMPLEAPP_SEND_PERIODIC_MSG_TIMEOUT);
        }
        break;
      default:
        break;
      }
```

```
        osal_msg_deallocate( (uint8 *)MSGpkt );
        MSGpkt = (afIncomingMSGPacket_t *)osal_msg_receive( SampleApp_
    TaskID );
      }
      return (events ^ SYS_EVENT_MSG);
    }
    return 0;
}
```

（7）在 SampleApp_ProcessEvent 系统事件处理函数中，一旦协调器组建网络成功之后，将协调器上的 P1_0 引脚所对应的 LED 灯点亮，主要功能实现代码如下面代码段中的斜体字部分：

```
uint16 SampleApp_ProcessEvent( uint8 task_id, uint16 events )
{
  afIncomingMSGPacket_t *MSGpkt;
  (void)task_id;      // Intentionally unreferenced parameter
  ...
  if ( events & SAMPLEAPP_SEND_PERIODIC_MSG_EVT)
  {
    P1_0 = 1;          //高电平点亮协调器 P1_0灯
    P1_1 = 1;          //高电平点亮协调器 P1_1灯
    return (events ^ SAMPLEAPP_SEND_PERIODIC_MSG_EVT);
  }
}
```

（8）在 SampleApp_ProcessEvent 自定义 MY_MSG_EVT 事件处理函数中，先调用 SampleApp_SendPeriodicMessage 函数，在 osal_start_timerEx 定时器函数触发 MY_MSG_EVT 自定义事件，表示周期性地调用 SampleApp_SendPeriodicMessage 函数，主要功能实现代码如下面代码段中的斜体字部分：

```
uint16 SampleApp_ProcessEvent( uint8 task_id, uint16 events )
{
  afIncomingMSGPacket_t *MSGpkt;
  (void)task_id;  // Intentionally unreferenced parameter
  ...
  if ( events & MY_MSG_EVT )
  {
    SampleApp_SendPeriodicMessage();

    osal_start_timerEx( SampleApp_TaskID,
```

```
                    MY_MSG_EVT,
        SAMPLEAPP_SEND_PERIODIC_MSG_TIMEOUT );
        return (events ^ MY_MSG_EVT);
        }
            // Discard unknown events
        return 0;
    }
```

（9）在 SampleApp_SendPeriodicMessage 函数中，终端节点模块调用 DHT11_TEST 函数采集温湿度数据，然后调用无线发送函数以单播方式发送温湿度信息至协调器模块，主要功能实现代码如下面代码段中的斜体字部分：

```
void SampleApp_SendPeriodicMessage( void )
{
  uint8 T_H[4];//温湿度
  DHT11_TEST();
  T_H[0] = wendu_shi+48;
  T_H[1] = wendu_ge%10+48;
  T_H[2] = shidu_shi+48;
  T_H[3] = shidu_ge%10+48;
  SampleApp_Periodic_DstAddr.addrMode = (afAddrMode_t)A
ddr16Bit;
  //接收模块协调器的网络地址
  SampleApp_Periodic_DstAddr.addr.shortAddr = 0x0000;
  //接收模块的端点号
  SampleApp_Periodic_DstAddr.endPoint =SAMPLEAPP_ENDPOINT ;
  AF_DataRequest( &SampleApp_Periodic_DstAddr, &SampleApp_ep Desc,
                  SAMPLEAPP_PERIODIC_CLUSTERID,
                  4,//发送的长度
                  T_H,//数组的首地址
                  &SampleApp_TransID,
                  AF_DISCV_ROUTE,
                  AF_DEFAULT_RADIUS );
  }
```

项目5 终端节点温湿度采集协调器串口通信显示视频2

（10）一旦协调器模块收到终端节点模块周期性无线发送过来的温湿度信息之后，调用 SampleApp_MessageMSGCB 函数进行接收，并通过串口通信在 PC 端实时显示，主要功能实现代码如下面代码段中的斜体字部分：

```
void SampleApp_MessageMSGCB ( afIncomingMSGPacket_t *pkt )
  {
```

```
uint16 flashTime;
switch ( pkt->clusterId )
{
  case SAMPLEAPP_PERIODIC_CLUSTERID:
    HalUARTWrite(0,"temp=",5);
    HalUARTWrite(0,&pkt->cmd.Data[0],2);// 串口打印收到温度数据
    HalUARTWrite(0,"\n",1);              // 回车换行
    HalUARTWrite(0,"humidity=",9);
    HalUARTWrite(0,&pkt->cmd.Data[2],2);// 串口打印收到湿度数据
    HalUARTWrite(0,"\n",1);              // 回车换行
    ...
  }
}
```

4. 下载程序至协调器模块和终端设备模块

（1）通过 USB 线缆一端连接 CC2530 仿真器接口，另一端连接 PC 端的 USB 接口，再将仿真器的扁型电缆插入协调器模块上的 JTAG 程序下载口，如图 5-10 所示。

图 5-10　仿真器连接模块 JTAG 程序下载口

（2）选择 CoordinatorEB 选项，单击图 5-11 所示的三角下载按钮，将程序通过 PC 端下载至设备中的 CC2530 模块中。

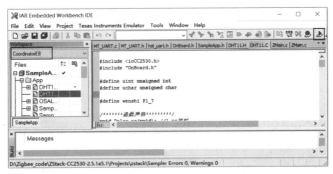

图 5-11　下载协议栈程序至 PC 端

（3）当下载过程中出现图5-12所示的界面之后，先单击"全速运行"按钮，再单击打叉按钮 ✖，完成整个程序的下载。

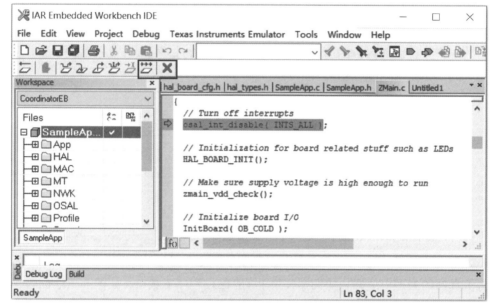

图 5-12　完成程序下载

（4）选择 EndDevice 选项，单击图 5-13 所示的三角下载按钮 ⬇，将程序通过 PC 端下载至设备中的终端节点模块中。

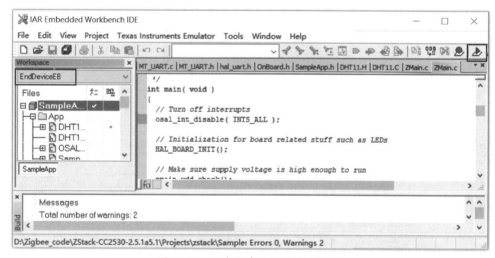

图 5-13　下载程序至终端节点模块

（5）当下载过程中出现图5-14所示的界面之后，先单击"全速运行"按钮，再单击打叉按钮 ✖，完成整个程序的下载。

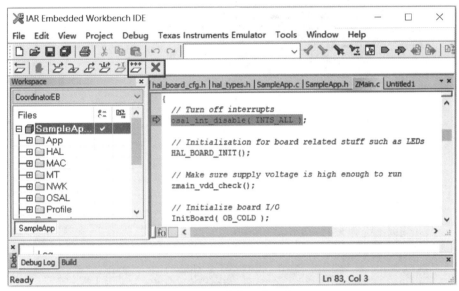

图 5-14　完成程序下载

5. 物联网程序运行效果

（1）通过 USB 线缆分别连接物联网设备协调器模块的 USB 接口和终端节点模块的 USB 接口，当协调器组网成功指示灯点亮，然后终端节点模块加入无线传感网络，这时温湿度传感器周期性地采集温湿度数据，显示图 5-15 所示运行效果。

图 5-15　终端模块温湿度传感器采集

（2）协调器周期性地收到终端模块无线传输的温湿度数据之后，通过 PC 端串口调试助手实时显示，如图 5-16 所示。

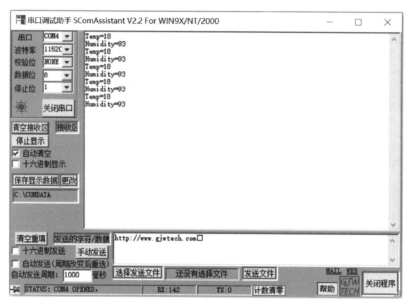

图 5-16 串口温湿度数据显示

任务 5.2 温湿度采集风扇控制应用

任务描述

在上一个任务中通过协调器组建网络成功之后，将终端设备模块加入无线传感网络，一旦成功加入网络之后，终端节点模块开始周期性的采集温湿度传感器数据，然后以单播方式无线发送至协调器模块，最后协调器通过串口通信显示在 PC 端。本次任务是当协调器组建网络成功之后，将终端设备模块加入无线传感网络，一旦成功加入网络之后，一方面终端节点模块中温湿度传感器周期性地采集温湿度数据无线发送至协调器模块，另一方面协调器收到无线发送过来的温湿度数据之后，和当前设定的阈值进行比较，如果高于设定的温湿度数据，无线发送命令给终端节点模块，控制风扇开启，否则控制风扇关闭。

任务分析

物联网设备的协调器模块主要包括基于 CC2530 的无线通信模块、按键和 LED 灯，同时终端设备模块包括相关传感器及控制机构。一方面当协调器模块加电启动运行时，CC2530 的无线通信模块开始组建无线传感网络，当网络运行状态为协调器网络状态时，触发系统事件，点亮两盏 LED 灯，表示协调器模块已成为协调器角色。另一方面将终端设备模块加电加入无线传感网络，当网络状态变成终端节点角色之后，首先终端节点模块将温湿度数据信息通过单播方式周期性地无线发送，然后到达协调器模块后调用 SampleApp_MessageMSGCB 函数收到温湿度信息，并通过串口通信显示在 PC 端，最后将采集到的温度和设置的阈值进行比较。如果采集到温的湿度数据大于设定的温度阈值，将无线发送两个字节命令信息给终端节点模块，以控制风扇开启，否则控制风扇关闭，如图 5-17 所示。

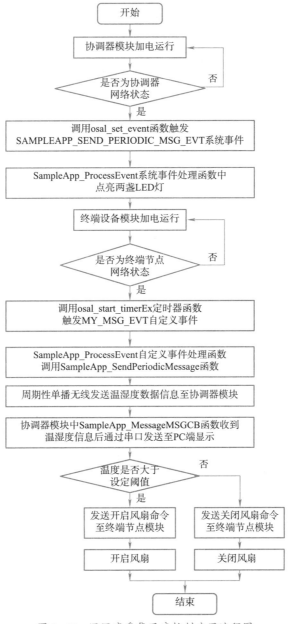

图 5-17　温湿度采集风扇控制应用流程图

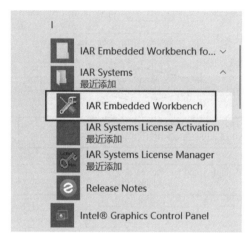

操作方法与步骤

1. 运行 ZStack 协议栈工程项目

（1）打开 IAR Embedded Workbench for 8051 8.10 Evaluation → IAR Embedded Workbench 开发平台，如图 5-18 所示。

图 5-18　打开 IAR Embedded Workbench 开发平台

（2）选择 File → Open → Workspace 选项，如图 5-19 所示。

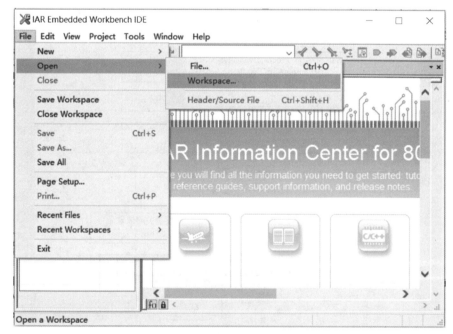

图 5-19　选择 Workspace 选项

（3）打开目录 D:\Zigbee_code\ZStack−CC2530−2.5.1a_5.2\Projects\zstack\Samples\
SampleApp\ CC2530DB 里面的 SampleApp.eww 工程文件，如图 5−20 所示。

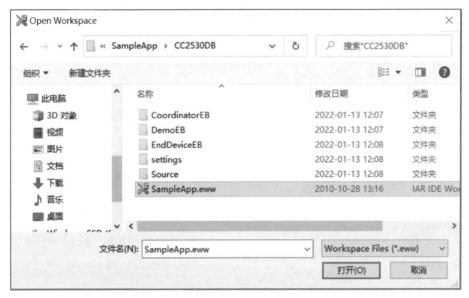

图 5−20　打开 SampleApp.eww 工程文件

（4）打开 ZStack−CC2530−2.5.1a_5.2 工程之后，其结构如图 5−21 所示。

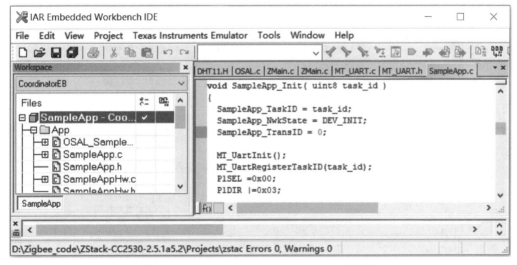

图 5−21　ZStack−CC2530−2.5.1a_5.2 工程结构

（5）右击工程中的 App 文件夹，在弹出的快捷菜单中选择 Add → Add Files 选项，
添加温湿度传感器文件，如图 5−22 所示。

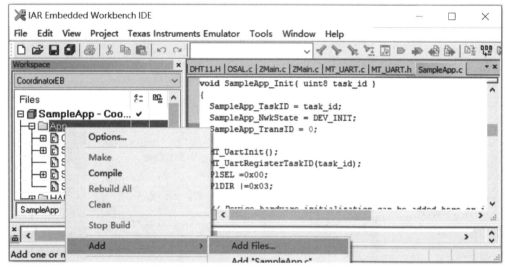

图 5-22　添加文件选项

（6）在图 5-23 所示对话框中，选择 DHT11.c 和 DHT11.h 文件，单击"打开"按钮，完成温湿度文件的添加。

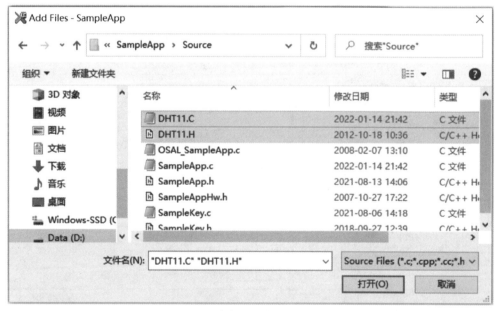

图 5-23　完成温湿度文件的添加

2. 协调器模块和终端模块的硬件电路

（1）协调器模块上 CC2530 通信模块的 P1_0 引脚连接 LED1 灯，P1_1 引脚连接另一个 LED2 灯，通过输出高低电平可以点亮或者熄灭 LED 灯，如图 5-24 所示。

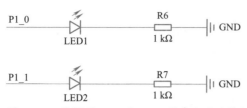

图 5-24　协调器 P1_0 和 P1_1 引脚电路连接

（2）终端模块上 CC2530 通信模块的 P2_0 引脚连接风扇模块，通过输出高低电平可以控制风扇的停止与运行，如图 5-25 所示。

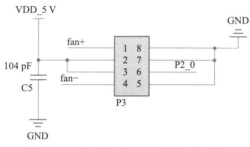

图 5-25　终端模块 P2_0 引脚电路连接

3. 编写项目功能代码

（1）在 SampleApp_Init 函数中初始化串口通信，主要功能实现代码如下面代码段中的斜体字部分：

```
void SampleApp_Init( uint8 task_id )
{
  SampleApp_TaskID = task_id;
  SampleApp_NwkState = DEV_INIT;
  SampleApp_TransID = 0;
  MT_UartInit();                    //MT 层串口初始化函数
  MT_UartRegisterTaskID(task_id);   //向应用任务 ID 登记串口事件
  ...
}
```

（2）打开 MT_UART.h 头文件，将串口波特率修改为 115200，主要功能实现代码如下面代码段中的斜体字部分：

```
#if !defined MT_UART_DEFAULT_BAUDRATE
  #define MT_UART_DEFAULT_BAUDRATE        HAL_UART_BR_115200
#endif
```

（3）打开 MT_UART.h 头文件，将串口流控关闭，因为串口通信只用 RX 和 TX 两根线，主要功能实现代码如下面代码段中的斜体字部分：

```
#if !defined( MT_UART_DEFAULT_OVERFLOW )
  #define MT_UART_DEFAULT_OVERFLOW          FALSE
#endif
```

（4）在 SampleApp_Init 函数中初始化 P1_0 和 P1_1 两盏 LED 灯，使之熄灭，主
要功能实现代码如下面代码段中的斜体字部分：

```
void SampleApp_Init( uint8 task_id )
{
  SampleApp_TaskID = task_id;
  SampleApp_NwkState = DEV_INIT;
  SampleApp_TransID = 0;
  P1SEL = 0x00;
  P1DIR |= 0x03
  P1_0 = 1;      //初始化熄灭 P1_0 灯
  P1_1 = 1;      //初始化熄灭 P1_1 灯
  ...
}
```

（5）打开 SampleApp.h 头文件，添加自定义事件 MY_MSG_EVT，主要功能实现
代码如下面代码段中的斜体字部分：

```
#define SAMPLEAPP_ENDPOINT            20
#define SAMPLEAPP_PROFID              0x0F08
#define SAMPLEAPP_DEVICEID            0x0001
#define SAMPLEAPP_DEVICE_VERSION      0
#define SAMPLEAPP_FLAGS               0
#define SAMPLEAPP_MAX_CLUSTERS        2
#define SAMPLEAPP_PERIODIC_CLUSTERID 1
#define SAMPLEAPP_FLASH_CLUSTERID     2
// Send Message Timeout
#define SAMPLEAPP_SEND_PERIODIC_MSG_TIMEOUT   5000 // Every 5 seconds
// Application Events (OSAL) - These are bit weighted definitions.
#define SAMPLEAPP_SEND_PERIODIC_MSG_EVT       0x0001

#define MY_MSG_EVT                            0x0002

// Group ID for Flash Command
#define SAMPLEAPP_FLASH_GROUP         0x0001
// Flash Command Duration - in milliseconds
#define SAMPLEAPP_FLASH_DURATION      1000
```

（6）在 ZDO_STATE_CHANGE 网络状态改变消息处理中，调用 osal_set_event 函数触发协调器的 SAMPLEAPP_SEND_PERIODIC_MSG_EVT 系统事件，调用 osal_start_timerEx 定时器函数触发终端节点 MY_MSG_EVT 自定义事件，主要功能实现代码如下面代码段中的斜体字部分：

```
uint16 SampleApp_ProcessEvent( uint8 task_id, uint16 events )
{
  afIncomingMSGPacket_t *MSGpkt;
  (void)task_id;  // Intentionally unreferenced parameter
  if ( events & SYS_EVENT_MSG )
  {
    MSGpkt = (afIncomingMSGPacket_t *)osal_msg_receive( SampleApp_TaskID );
    while ( MSGpkt )
    {
      switch ( MSGpkt->hdr.event )
      {
        ...
        case ZDO_STATE_CHANGE:
          SampleApp_NwkState = (devStates_t)(MSGpkt->hdr.status);
          if (SampleApp_NwkState == DEV_ZB_COORD)
           {
            osal_set_event( SampleApp_TaskID,SAMPLEAPP_SEND_PERIODIC_
MSG_EVT);
           }
          if (SampleApp_NwkState == DEV_END_DEVICE)
           {
            osal_start_timerEx( SampleApp_TaskID,
                        MY_MSG_EVT,
                        SAMPLEAPP_SEND_PERIODIC_MSG_TIMEOUT);
           }
          break;
         default:
          break;
      }
      osal_msg_deallocate( (uint8 *)MSGpkt );
      MSGpkt = (afIncomingMSGPacket_t *)osal_msg_receive( Sample
App_TaskID );
    }
    return (events ^ SYS_EVENT_MSG);
  }
```

```
    return 0;
  }
```

（7）在 SampleApp_ProcessEvent 系统事件处理函数中，一旦协调器组建网络成功之后，将协调器上的 P1_0 和 P1_1 引脚所对应的 LED 灯点亮，主要功能实现代码如下面代码段中的斜体字部分：

```
uint16 SampleApp_ProcessEvent( uint8 task_id, uint16 events )
{
  afIncomingMSGPacket_t *MSGpkt;
  (void)task_id;  // Intentionally unreferenced parameter
  ...
  if ( events & SAMPLEAPP_SEND_PERIODIC_MSG_EVT)
  {
    P1_0 = 1;    //高电平点亮协调器 P1_0 灯
    P1_1 = 1;    //高电平点亮协调器 P1_1 灯
    return (events ^ SAMPLEAPP_SEND_PERIODIC_MSG_EVT);
  }
}
```

（8）在 SampleApp_ProcessEvent 自定义 MY_MSG_EVT 事件处理函数中，先调用 SampleApp_SendPeriodicMessage 函数，在 osal_start_timerEx 定时器函数触发 MY_MSG_EVT 自定义事件，表示周期性地调用 SampleApp_SendPeriodicMessage 函数，主要功能实现代码如下面代码段中的斜体字部分：

```
uint16 SampleApp_ProcessEvent( uint8 task_id, uint16 events )
{
  afIncomingMSGPacket_t *MSGpkt;
  (void)task_id;  // Intentionally unreferenced parameter
  ...
  if ( events & MY_MSG_EVT )
    {
       SampleApp_SendPeriodicMessage();
       osal_start_timerEx( SampleApp_TaskID,
                         MY_MSG_EVT,
       SAMPLEAPP_SEND_PERIODIC_MSG_TIMEOUT );
     return (events ^ MY_MSG_EVT);
    }
  // Discard unknown events
  return 0;
}
```

（9）在 SampleApp_SendPeriodicMessage 函数中，终端节点模块调用 DHT11_
TEST 函数采集温湿度数据，然后调用无线发送函数单播方式发送温湿度信息至协调
器模块，主要功能实现代码如下面代码段中的斜体字部分：

```
void SampleApp_SendPeriodicMessage( void )
{
  uint8 T_H[4];//温湿度
  DHT11_TEST();
  T_H[0] = wendu_shi+48;
  T_H[1] = wendu_ge%10+48;
  T_H[2] = shidu_shi+48;
  T_H[3] = shidu_ge%10+48;
  SampleApp_Periodic_DstAddr.addrMode = (afAddrMode_t)Addr16Bit;
  SampleApp_Periodic_DstAddr.addr.shortAddr = 0x0000;
//接收模块协调器的网络地址
  SampleApp_Periodic_DstAddr.endPoint =SAMPLEAPP_ENDPOINT;
//接收模块的端点号
  AF_DataRequest( &SampleApp_Periodic_DstAddr, &SampleApp_epDesc,
                  SAMPLEAPP_PERIODIC_CLUSTERID,
                  4,//发送的长度
                  T_H,//数组的首地址
                  &SampleApp_TransID,
                  AF_DISCV_ROUTE,
                  AF_DEFAULT_RADIUS );
}
```

（10）一旦协调器模块收到终端节点模块周期性无线发送过来的温湿度信息之
后，调用 SampleApp_MessageMSGCB 函数进行接收。一方面通过串口通信在 PC 端实
时显示；另一方面当温度数据大于设定的阈值，表示当前温度值超 20 度，则发送开
启风扇命令至终端节点，否则发送关闭风扇命令至终端节点，主要功能实现代码如下
面代码段中的斜体字部分：

```
void SampleApp_MessageMSGCB( afIncomingMSGPacket_t *pkt )
{
  uint16 flashTime,len,i;
  uint8 str_uart[2];
  switch ( pkt->clusterId )
  {
    case SAMPLEAPP_PERIODIC_CLUSTERID:
      osal_memcpy(&str_uart[0],pkt->cmd.Data,2);
```

```
HalUARTWrite(0,"temp=",5);
HalUARTWrite(0,&pkt->cmd.Data[0],2);//串口打印收到温度数据
HalUARTWrite(0,"\n",1);              //回车换行

HalUARTWrite(0,"humidity=",9);
HalUARTWrite(0,&pkt->cmd.Data[2],2); //串口打印收到湿度数据
HalUARTWrite(0,"\n",1);   //  回车换行

if (str_uart[0] > 0x31) //大于20度
{
  GenericApp_DstAddr.addrMode = (afAddrMode_t)AddrBroadcast;
  //设置协调器广播
  GenericApp_DstAddr.endPoint = SAMPLEAPP_ENDPOINT;
  GenericApp_DstAddr.addr.shortAddr = 0xFFFF;
 //向所有节点广播
  AF_DataRequest( &GenericApp_DstAddr, &SampleApp_epDesc,
      SAMPLEAPP_COM_CLUSTERID,
      2,//发送二个字节
      "21",
      &SampleApp_TransID,
      AF_DISCV_ROUTE, AF_DEFAULT_RADIUS );
  }
  else
  {
  GenericApp_DstAddr.addrMode = (afAddrMode_t)AddrBroadcast;
  //设置协调器广播
  GenericApp_DstAddr.endPoint = SAMPLEAPP_ENDPOINT;
  GenericApp_DstAddr.addr.shortAddr = 0xFFFF;
  //向所有节点广播
  AF_DataRequest( &GenericApp_DstAddr, &SampleApp_epDesc,
      SAMPLEAPP_COM_CLUSTERID,
      2,//发送二个字节
      "20",//
      &SampleApp_TransID,
      AF_DISCV_ROUTE, AF_DEFAULT_RADIUS );
  }
break;
  ...
```

（11）一旦终端节点模块收到协调器无线发送过来的字符串信息之后，会调用
SampleApp_MessageMSGCB 函数进行接收，通过字符判断以控制风扇的运行和停止，
主要功能实现代码如下面代码段中的斜体字部分：

```
void SampleApp_MessageMSGCB( afIncomingMSGPacket_t *pkt )
{
  uint16 flashTime,len,i;
  uint8 str_uart[2];
  switch ( pkt->clusterId )
  {
    case SAMPLEAPP_COM_CLUSTERID:
      if(pkt->cmd.Data[0] == '2' & pkt->cmd.Data[1] == '1')
      {
        P2SEL &= ~0x01;
        P2DIR |= 0x01;
        P2_0 = 1;      //打开风扇
      }
      if(pkt->cmd.Data[0] == '2' & pkt->cmd.Data[1] == '0')
      {
        P2SEL &= ~0x01;
        P2DIR |= 0x01;
        P2_0 = 0;      //关闭风扇
      }
      break;
  }
}
```

---- 视 频

项目5 温湿度采集风扇控制应用视频

4. 下载程序至协调器模块和终端设备模块

（1）选择 CoordinatorEB 选项，单击图 5-26 所示的三角下载按钮 ⚒，将程序通过
PC 端下载至设备中的协调器模块中。

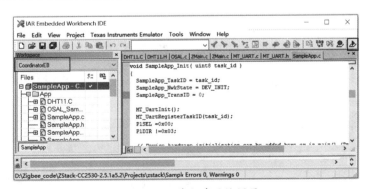

图 5-26　下载程序至协调器

（2）当下载过程中出现图 5-27 所示的界面之后，先单击"全速运行"按钮，再单击打叉按钮 ✖，完成整个程序的下载。

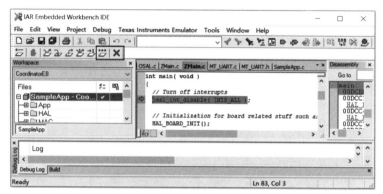

图 5-27　完成程序下载

（3）选择 EndDevice 选项，单击图 5-28 所示的三角下载按钮 ⬇，将程序通过 PC 端下载至设备中的终端节点模块中。

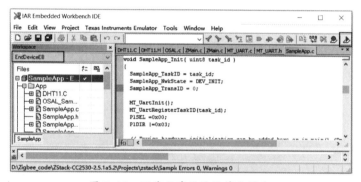

图 5-28　下载程序至终端节点模块

（4）当下载过程中出现图 5-29 所示的界面之后，先单击"全速运行"按钮，再单击打叉按钮 ✖，完成整个程序的下载。

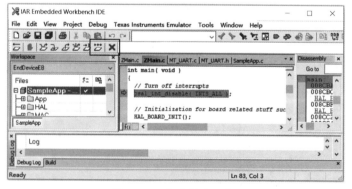

图 5-29　完成程序下载

5. 程序运行效果

（1）协调器组网成功之后，点亮协调器模块上 LED1 和 LED2 灯，如图 5-30 所示。

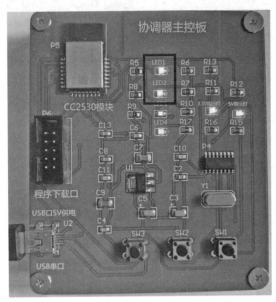

图 5-30　协调器组网成功指示灯点亮

（2）通过 PC 端串口调试助手实时显示当前温湿度数据，如图 5-31 所示。

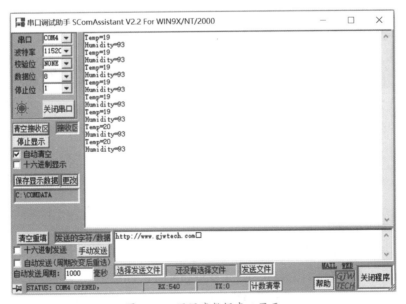

图 5-31　温湿度数据串口显示

（3）协调器周期性地收到终端模块无线传输的温湿度数据之后，如果当前温度大于等于设定温度 20 度，风扇自动开启转动，否则风扇停止转动，如图 5-32 所示。

图 5-32 温湿度采集风扇联动控制

拓 展 任 务

 任务描述

通过本项目三个任务的温湿度采集控制操作训练，同学们已经掌握了协调器和终端节点组网成功之后，终端节点模块开始周期性的采集温度传感器数据，然后以单播方式无线发送至协调器模块，最后协调器通过串口通信显示在 PC 端。一方面终端节点模块中温度传感器周期性地采集温度数据无线发送至协调器模块，另一方面协调器收到无线发送过来的温度数据之后，和当前设定的阈值进行比较，如果高于设定的温度数据，无线发送命令给终端节点模块，控制风扇开启，否则控制风扇关闭。

任务要求

（1）串口通信波特率设置为 9600。

（2）协调器和终端设备模块组建无线传感网络成功之后，终端节点模块周期性地将温湿度数据以无线单播方式发送至协调器模块，在 PC 端串口调试工具中实时显示。

（3）协调器收到无线发送过来的湿度数据后，和当前设定的湿度阈值进行比较，如果高于设定的湿度数据，无线发送命令给终端节点模块，控制继电器闭合，否则继电器断开，实现联动控制。

项 目 评 价 表

	评价要素	分值	学生自评 30%	项目组互评 20%	教师评分 50%	各项总分	合计总分
终端节点温度采集协调器串口通信显示	完成代码	10					
	完成终端节点温度采集协调器串口通信显示	10					
温度采集风扇联动控制应用	完成代码	10					
	完成温度采集风扇联动控制应用	10					
基于按键温度采集风扇联动与手动控制应用	完成代码	10					
	完成按键温度采集风扇联动与手动控制应用	10					
拓展训练	完成拓展训练	10					
项目总结报告		10	教师评价				
素质考核	工作操守	5					
	学习态度	5					
	合作与交流	5					
	出勤	5					

学生自评签名:	项目组互评签名:	教师签名:
日期:	日期:	日期:

补充说明:

无线传感网络光照度采集应用

随着科技的日益进步，在智慧农业生产中，光照度传感器对农作物生长过程中的光照环境监测起到很大的作用，尤其对农业大棚，光照度传感器用来检测作物生成所需的光照强度是否达到作物的最佳生长状况，以决定是否需要补光或者遮阳等控制操作。

本项目首先通过协调器组网之后，终端节点加入网络并采集光照度数据信息，无线发送至协调器完成 PC 端串口光照度信息显示，然后根据采集的光照信息，实现步进电机联动控制。

学习目标

知识目标

■ 掌握光照度传感器采集流程
■ 掌握光照度度信息串口发送方式
■ 掌握光照度采集步进电机联动控制程序设计
■ 掌握光照度采集步进电机联动控制程序实现

技能目标

■ 会使用设备通过串口通信获取光照度信息
■ 会使用光照度传感器采集步进电机联动控制

任务 6.1 终端节点光照度采集协调器串口通信显示

 任务描述

在上一个项目中通过协调器组建网络成功之后，将终端设备模块加入无线传感网络，一旦成功加入网络之后，终端节点模块开始周期性的采集温湿度传感器数据，然后以单播方式无线发送至协调器模块，最后协调器通过串口通信显示在 PC 端。本次任务在协调器组建网络成功之后，将终端设备模块加入无线传感网络，一旦成功加入网络之后，终端节点模块开始周期性地采集光照传感器数据，然后以单播方式无线发送至协调器模块，最后通过串口通信显示在 PC 端。

任务分析

物联网设备的协调器模块主要包括基于 CC2530 的无线通信模块、按键和 LED 灯，同时终端设备模块包括光照度传感器和控制机构，一方面当协调器模块加电启动运行时，CC2530 的无线通信模块开始组建无线传感网络，当网络运行状态为协调器网络状态时，触发系统事件，点亮两盏 LED 灯，表示协调器模块已成为协调器。另一方面将终端设备模块加电加入无线传感网络，当网络状态变成终端节点角色之后，终端节点模块开始周期性通过单播方式无线发送光照度数据信息，在到达协调器模块后调用 SampleApp_MessageMSGCB 函数收到光照度信息，通过串口通信在 PC 端实时显示，如图 6-1 所示。

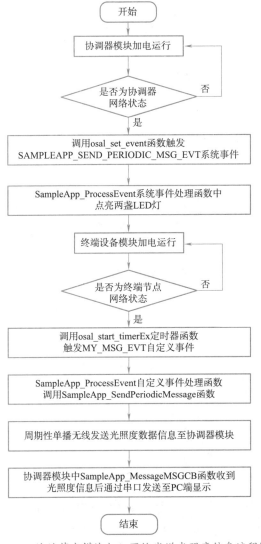

视频

项目6 终端节点光照度采集协调器串口通信显示视频1

图 6-1　终端节点模块加入网络发送光照度信息流程图

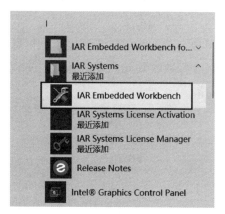

操作方法与步骤

1. 运行 ZStack 协议栈工程项目

（1）打开 IAR Embedded Workbench for 8051 8.10 Evaluation → IAR Embedded Workbench 开发平台，如图 6-2 所示。

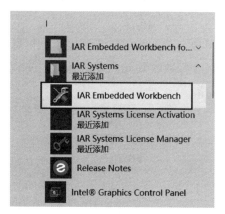

图 6-2 打开 IAR Embedded Workbench 开发平台

（2）选择 File → Open → Workspace 选项，如图 6-3 所示。

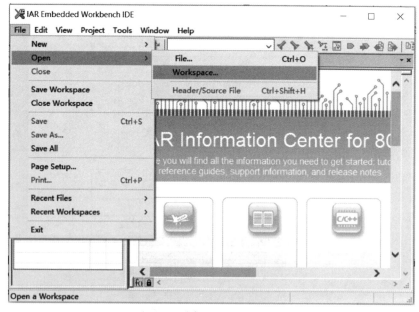

图 6-3 选择 Workspace 选项

（3）打开目录 D:\Zigbee_code\ZStack-CC2530-2.5.1a_6.1\Projects\zstack\Samples\ SampleApp\CC2530DB 里面的 SampleApp.eww 工程文件，如图 6-4 所示。

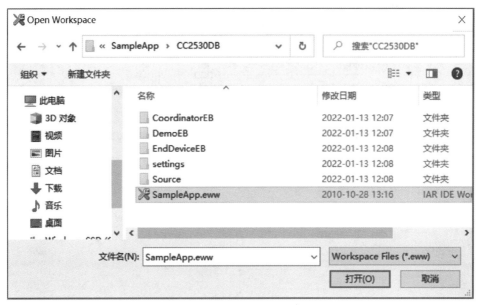

图 6-4　打开 SampleApp.eww 工程文件

（4）打开 ZStack–CC2530–2.5.1a_6.1 工程之后，其结构如图 6-5 所示。

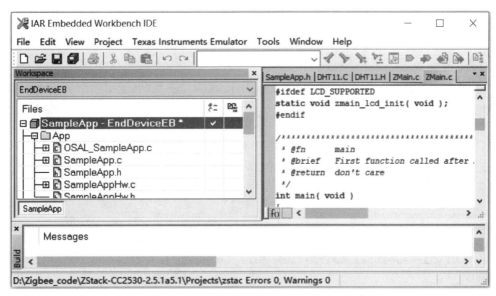

图 6-5　ZStack–CC2530–2.5.1a_6.1 项目工程结构

2. 协调器模块和终端模块的硬件电路

（1）协调器模块上 CC2530 通信模块的 P1_0 引脚连接 LED1 灯，P1_1 引脚连接
另一个 LED2 灯，通过输出高低电平可以点亮或者熄灭 LED 灯，如图 6-6 所示。

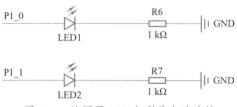

图 6-6 协调器 LED 灯引脚电路连接

（2）终端模块上 CC2530 通信模块的 P0_7 引脚连接光敏电阻模块，通过检测 P0.7 引脚的高低电平可以判断当前环境有光还是无光，如图 6-7 所示。

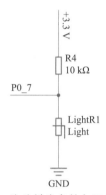

图 6-7 终端模块光敏电阻电路连接

3. 编写项目功能代码

（1）在 SampleApp_Init 函数中初始化串口通信，主要功能实现代码如下面代码段中的斜体字部分：

```
void SampleApp_Init( uint8 task_id )
{
  SampleApp_TaskID = task_id;
  SampleApp_NwkState = DEV_INIT;
  SampleApp_TransID = 0;
  MT_UartInit();                      //MT层串口初始化函数
  MT_UartRegisterTaskID(task_id);     //向应用任务ID登记串口事件
  ...
}
```

（2）打开 MT_UART.h 头文件，将串口波特率修改为 115200，主要功能实现代码如下面代码段中的斜体字部分：

```
#if !defined MT_UART_DEFAULT_BAUDRATE
  #define MT_UART_DEFAULT_BAUDRATE        HAL_UART_BR_115200
#endif
```

（3）打开 MT_UART.h 头文件，将串口流控关闭，因为串口通信只用 RX 和 TX 两根线，主要功能实现代码如下面代码段中的斜体字部分：

```
#if !defined( MT_UART_DEFAULT_OVERFLOW )
  #define MT_UART_DEFAULT_OVERFLOW          FALSE
#endif
```

（4）在 SampleApp_Init 函数中初始化 P1_0 和 P1_1 两盏 LED 灯，使之熄灭，主要功能实现代码如下面代码段中的斜体字部分：

```
void SampleApp_Init( uint8 task_id )
{
  SampleApp_TaskID = task_id;
  SampleApp_NwkState = DEV_INIT;
  SampleApp_TransID = 0;
  P1DIR |= 0x03;


  ...
}
```

（5）打开 SampleApp.h 头文件，添加自定义事件 MY_MSG_EVT，主要功能实现代码如下面代码段中的斜体字部分：

```
#define SAMPLEAPP_ENDPOINT              20
#define SAMPLEAPP_PROFID                0x0F08
#define SAMPLEAPP_DEVICEID              0x0001
#define SAMPLEAPP_DEVICE_VERSION        0
#define SAMPLEAPP_FLAGS                 0
#define SAMPLEAPP_MAX_CLUSTERS          2
#define SAMPLEAPP_PERIODIC_CLUSTERID 1
#define SAMPLEAPP_FLASH_CLUSTERID    2
// Send Message Timeout
#define SAMPLEAPP_SEND_PERIODIC_MSG_TIMEOUT   5000      // Every 5 seconds
// Application Events (OSAL) - These are bit weighted definitions.
#define SAMPLEAPP_SEND_PERIODIC_MSG_EVT        0x0001

#define MY_MSG_EVT                             0x0002

// Group ID for Flash Command
#define SAMPLEAPP_FLASH_GROUP                  0x0001
// Flash Command Duration - in milliseconds
#define SAMPLEAPP_FLASH_DURATION               1000
```

（6）在 ZDO_STATE_CHANGE 网络状态改变消息处理中，协调器调用 osal_set_event 函数触发协调器的 SAMPLEAPP_SEND_PERIODIC_MSG_EVT 系统事件，终端模块调用 osal_start_timerEx 定时器函数触发 MY_MSG_EVT 自定义事件，主要功能实现代码如下面代码段中的斜体字部分：

```
uint16 SampleApp_ProcessEvent( uint8 task_id, uint16 events )
{
  afIncomingMSGPacket_t *MSGpkt;
  (void)task_id;  // Intentionally unreferenced parameter
  if ( events & SYS_EVENT_MSG )
  {
    MSGpkt = (afIncomingMSGPacket_t *)osal_msg_receive( SampleApp_TaskID );
    while ( MSGpkt )
    {
      switch ( MSGpkt->hdr.event )
      {
        ...
        case ZDO_STATE_CHANGE:
          SampleApp_NwkState = (devStates_t)(MSGpkt->hdr.status);
          if (SampleApp_NwkState == DEV_ZB_COORD)
          {
          osal_set_event( SampleApp_TaskID,SAMPLEAPP_SEND_PERIODIC_
MSG_EVT);
          }
          if (SampleApp_NwkState == DEV_END_DEVICE)
          {
           osal_start_timerEx( SampleApp_TaskID,
                      MY_MSG_EVT,
                      SAMPLEAPP_SEND_PERIODIC_MSG_TIMEOUT);
          }
          break;
        default:
          break;
      }
      osal_msg_deallocate( (uint8 *)MSGpkt );
      MSGpkt = (afIncomingMSGPacket_t *)osal_msg_receive( SampleApp_
TaskID );
    }
    return (events ^ SYS_EVENT_MSG);
  }
```

```
  return 0;
}
```

（7）在 SampleApp_ProcessEvent 系统事件处理函数中，一旦协调器组建网络成功之后，将协调器上的 P1_0 引脚和 P1_1 引脚所对应的 LED 灯点亮，主要功能实现代码如下面代码段中的斜体字部分：

```
uint16 SampleApp_ProcessEvent( uint8 task_id, uint16 events )
{
  afIncomingMSGPacket_t *MSGpkt;
  (void)task_id;       // Intentionally unreferenced parameter
  ...
  if ( events & SAMPLEAPP_SEND_PERIODIC_MSG_EVT)
  {
    P1_0 =1;            //高电平点亮协调器 P1_0 灯
    P1_1=1;             //高电平点亮协调器 P1_1 灯
    return (events ^ SAMPLEAPP_SEND_PERIODIC_MSG_EVT);
  }
}
```

（8）在 SampleApp_ProcessEvent 自定义 MY_MSG_EVT 事件处理函数中，终端模块先调用 SampleApp_SendPeriodicMessage 函数，在 osal_start_timerEx 定时器函数触发终端节点 MY_MSG_EVT 自定义事件，表示周期性的调用 SampleApp_SendPeriodicMessage 函数，主要功能实现代码如下面代码段中的斜体字部分：

```
uint16 SampleApp_ProcessEvent( uint8 task_id, uint16 events )
{
  afIncomingMSGPacket_t *MSGpkt;
  (void)task_id;  // Intentionally unreferenced parameter
  ...
  if ( events & MY_MSG_EVT )
  {
    SampleApp_SendPeriodicMessage();
    osal_start_timerEx( SampleApp_TaskID,
                MY_MSG_EVT,
       SAMPLEAPP_SEND_PERIODIC_MSG_TIMEOUT );
     return (events ^ MY_MSG_EVT);
  }
  // Discard unknown events
  return 0;
}
```

（9）在 SampleApp_SendPeriodicMessage 函数中，当终端节点模块光照传感器检测 P0.7 引脚的为高电平时，表示当前无光照，否则有光照，然后调用无线发送函数，以单播方式发送光照度信息至协调器模块，主要功能实现代码如下面代码段中的斜体字部分：

```
void SampleApp_SendPeriodicMessage( void )
{
    byte state;
    P0DIR & = 0x7f;
    if(P0_7 == 1)
    {
      MicroWait(10);//等待10ms
      {
       state = 0x31;//代表无光
      }
    }
    else
    {
      state = 0x30;//代表有光
    }
    SampleApp_Periodic_DstAddr.addrMode = (afAddrMode_t)Ad
dr16Bit;
    //接收模块协调器的网络地址
    SampleApp_Periodic_DstAddr.addr.shortAddr = 0x0000;
    //接收模块的端点号
    SampleApp_Periodic_DstAddr.endPoint =SAMPLEAPP_ENDPOINT;
    AF_DataRequest( &SampleApp_Periodic_DstAddr, &SampleApp_
epDesc,
                    SAMPLEAPP_PERIODIC_CLUSTERID,
                    1,//发送的长度
                    &state,//首地址
                    &SampleApp_TransID,
                    AF_DISCV_ROUTE,
                    AF_DEFAULT_RADIUS );
}
```

（10）一旦协调器模块收到终端节点模块周期性无线发送过来的光照度信息之后，将调用 SampleApp_MessageMSGCB 函数进行接收，并通过串口通信在 PC 端实时显示，主要功能实现代码如下面代码段中的斜体字部分：

```
void SampleApp_MessageMSGCB ( afIncomingMSGPacket_t *pkt )
{
  uint16 flashTime;
  switch ( pkt->clusterId )
  {
    case SAMPLEAPP_PERIODIC_CLUSTERID:
      if(pkt->cmd.Data[0] == 0x31)
      {
        HalUARTWrite(0,"no light!",9);
        HalUARTWrite(0,"\n",1);   //回车换行
      }
      else
      {
        HalUARTWrite(0,"light!",6);
        HalUARTWrite(0,"\n",1);   //回车换行
      }
  }
}
```

- - - 视 频

项目6 终端节点光
照度采集协调器串
口通信显示视频2

4. 下载程序至协调器模块和终端设备模块

（1）通过 USB 线缆一端连接 CC2530 仿真器接口，另一端连接 PC 端的 USB 接口，再将仿真器的扁型电缆插入协调器模块上的 JTAG 程序下载口，如图 6-8 所示。

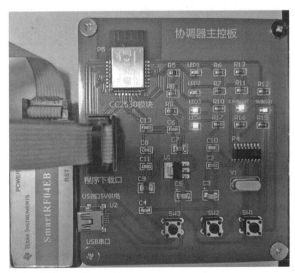

图 6-8　仿真器连接模块 JTAG 程序下载口

（2）选择 CoordinatorEB 选项，单击图 6-9 所示的三角下载按钮，将程序通过 PC 端下载至设备中的协调器模块中。

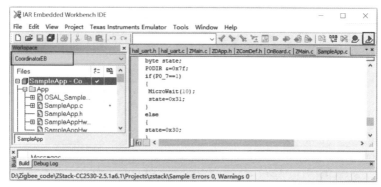

图 6-9　下载程序至协调器

（3）当下载过程中出现图 6-10 所示的界面之后，先单击"全速运行"按钮，再单击打叉按钮 ✖，完成整个程序的下载。

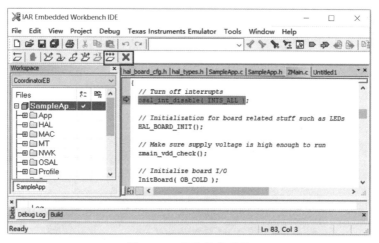

图 6-10　完成程序下载

（4）选择 EndDevice 选项，单击图 6-11 所示的三角下载按钮 ⬇，将程序通过 PC 端下载至设备中的终端节点模块中。

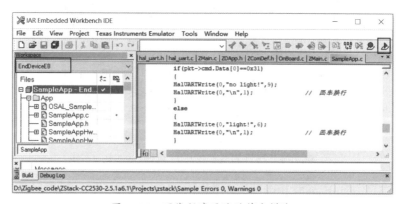

图 6-11　下载程序至终端节点模块

（5）当下载过程中出现图 6-12 所示的界面之后，先单击"全速运行"按钮，再单击打叉按钮 ✖，完成整个程序的下载。

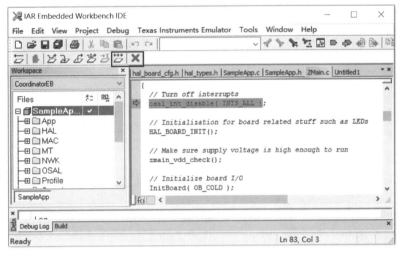

图 6-12 完成程序下载

5. 物联网程序运行效果

（1）通过 USB 线缆分别连接物联网设备协调器模块的 USB 接口和终端节点模块的 USB 接口，当协调器组网成功指示灯点亮，然后终端节点模块加入无线传感网络，这时光敏电阻周期性地采集光照信息，显示图 6-13 所示运行效果。

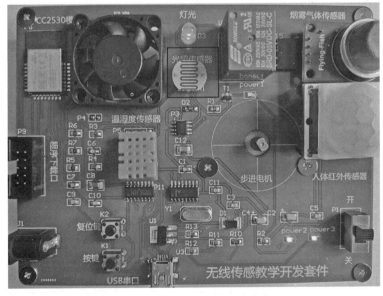

图 6-13 终端模块光照度采集

（2）协调器周期性地收到终端模块无线传输的光照信息之后，通过 PC 端串口调试助手实时显示。如果遮挡光敏传感器，信息显示"no light！"，代表无光照；否则显示"light！"，代表有光照，如图6-14所示。

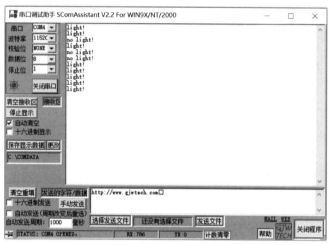

图 6-14　串口光照度信息显示

任务6.2　光照度采集步进电机控制应用

任务描述

在上一个任务中通过协调器组建网络成功之后，将终端设备模块加入无线传感网络，一旦成功加入网络之后，终端节点模块开始周期性的采集光照度传感器数据，然后以单播方式无线发送至协调器模块，最后协调器通过串口通信显示在 PC 端。本次任务是当协调器组建网络成功之后，将终端设备模块加入无线传感网络，一旦成功加入网络之后，一方面终端节点模块中光照度传感器周期性地采集光照度数据，并无线发送至协调器模块，另一方面协调器收到无线发送过来的光照度数据之后，如果检测当前有光照信息，则无线发送命令给终端节点模块，控制步进电机正转，否则控制步进电机反转。

任务分析

物联网设备的协调器模块主要包括基于 CC2530 的无线通信模块、按键和 LED 灯，同时终端设备模块包括相关传感器及控制机构。一方面当协调器模块加电启动运行时，CC2530 的无线通信模块开始组建无线传感网络，当网络运行状态为协调器网络状态时，触发系统事件，点亮一盏 LED 灯，表示协调器模块已成为协调器。另一方面将终端设备模块加电加入无线传感网络，当网络状态变成终端节点角色之后，首先终端节点模块将光照度数据信息通过单播方式周期性地无线发送，到达协调器模块后调用 SampleApp_MessageMSGCB 函数接收光照度信息，并通过串口通信显示在 PC 端，最后如果采集到当前有光照，则无线发送两个字节命令信息给终端节点模块，以控制步进电机正转，否则控制步进电机反转，如图 6-15 所示。

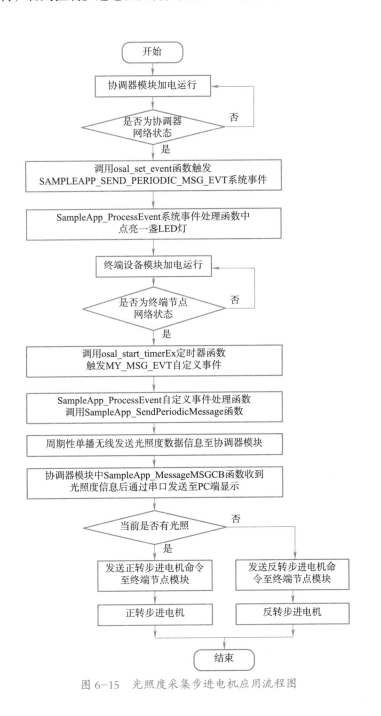

图 6-15 光照度采集步进电机应用流程图

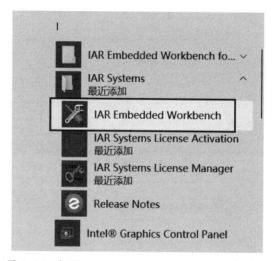

操作方法与步骤

1. 运行 ZStack 协议栈工程项目

（1）打开 IAR Embedded Workbench for 8051 8.10 Evaluation → IAR Embedded Workbench 开发平台，如图 6-16 所示。

图 6-16　打开 IAR Embedded Workbench 开发平台

（2）选择 File → Open → Workspace 选项，如图 6-17 所示。

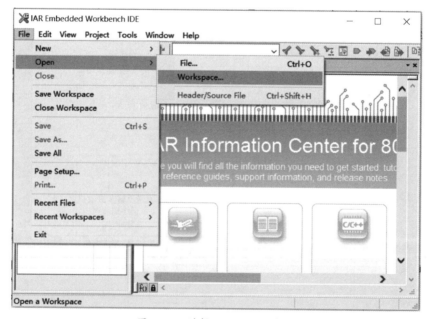

图 6-17　选择 Workspace 选项

（3）打开目录 D:\Zigbee_code\ZStack-CC2530-2.5.1a_6.2\Projects\zstack\Samples\
SampleApp\CC2530DB 里面的 SampleApp.eww 工程文件，如图 6-18 所示。

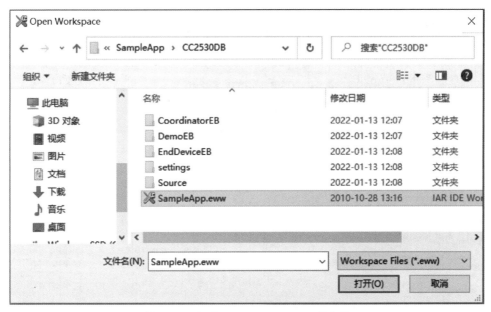

图 6-18　打开 SampleApp.eww 工程文件

（4）打开 ZStack-CC2530-2.5.1a_6.2 工程之后，其结构如图 6-19 所示。

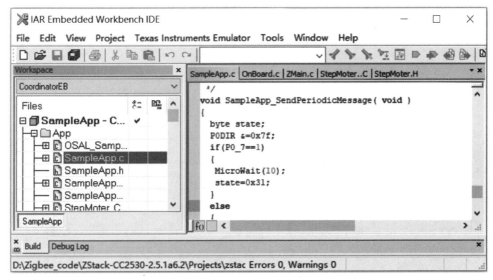

图 6-19　ZStack-CC2530-2.5.1a_6.2 工程结构

（5）右击工程中的 App 文件夹，在弹出的快捷菜单中选择 Add → Add Files 选项，
添加步进电机驱动文件，如图 6-20 所示。

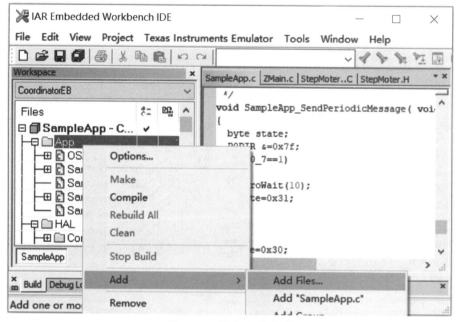

图 6-20　添加文件选项

（6）在图 6-21 所示对话框中，选择 StepMoter.c 和 StepMoter.h 文件，单击"打开"按钮，完成步进电机驱动文件的添加。

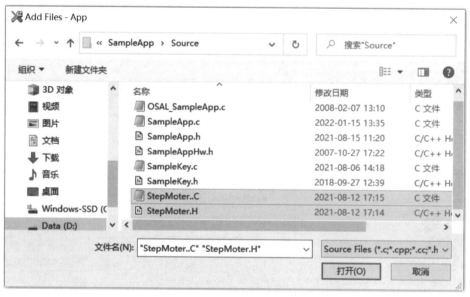

图 6-21　完成步进电机驱动文件的添加

（7）添加完成步进电机驱动文件之后，光照度采集控制工程项目显示如图 6-22所示。

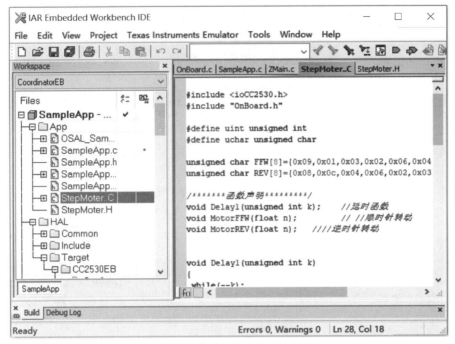

图 6-22　步进电机驱动文件显示

2. 协调器模块和终端模块的硬件电路

（1）协调器模块上 CC2530 通信模块的 P1_0 引脚连接 LED1 灯，P1_1 引脚连接另一个 LED2 灯，通过输出高低电平可以点亮或者熄灭 LED 灯，如图 6-23 所示。

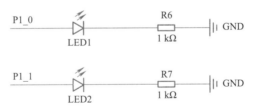

图 6-23　协调器 P1_0 和 P1_1 引脚电路连接

（2）终端模块上 CC2530 通信模块的 P0_7 引脚连接光敏电阻模块，通过检测 P0_7 引脚的高低电平可以判断当前环境有光还是无光。步进电机控制模块采用 24BYJ48 五线四相减速步进电机 ULN2003 驱动芯片。这里以 ULN2003 为例用来驱动步进电机，只需要选择 ZigBee 模块的四个 GPIO 引脚（P1_0，P1_1，P1_2 和 P1_3）分别连接 ULN2003 驱动芯片的对应引脚，再用外置电源连接驱动板的 5V 接口，驱动芯片的负极连接 GND 即可。上述线路连接完成之后，就完成了整个步进电机的硬件电路搭建。ZigBee 终端节点模块硬件结构如图 6-24 所示。

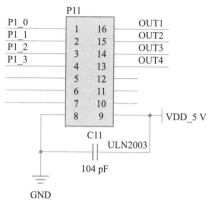

图 6-24　步进电机模块硬件电路连接

3. 编写项目功能代码

（1）在 SampleApp_Init 函数中初始化串口通信，主要功能实现代码如下面代码段中的斜体字部分：

```
void SampleApp_Init( uint8 task_id )
{
  SampleApp_TaskID = task_id;
  SampleApp_NwkState = DEV_INIT;
  SampleApp_TransID = 0;
  MT_UartInit();                      //MT 层串口初始化函数
  MT_UartRegisterTaskID(task_id);     //向应用任务 ID 登记串口事件
  ...
}
```

（2）打开 MT_UART.h 头文件，将串口波特率修改为 115200，主要功能实现代码如下面代码段中的斜体字部分：

```
#if !defined MT_UART_DEFAULT_BAUDRATE
  #define MT_UART_DEFAULT_BAUDRATE          HAL_UART_BR_115200
#endif
```

（3）打开 MT_UART.h 头文件，将串口流控关闭，因为串口通信只用 RX 和 TX 两根线，主要功能实现代码如下面代码段中的斜体字部分：

```
#if !defined( MT_UART_DEFAULT_OVERFLOW )
  #define MT_UART_DEFAULT_OVERFLOW          FALSE
#endif
```

（4）在 SampleApp_Init 函数中初始化 P1_0 和 P1_1 两盏 LED 灯，使之熄灭，主要功能实现代码如下面代码段中的斜体字部分：

```
void SampleApp_Init( uint8 task_id )
{
  SampleApp_TaskID = task_id;
  SampleApp_NwkState = DEV_INIT;
  SampleApp_TransID = 0;
  P1DIR |= 0x03

  ...

}
```

（5）打开 SampleApp.h 头文件，添加自定义事件 MY_MSG_EVT，主要功能实现代码如下面代码段中的斜体字部分：

```
#define SAMPLEAPP_ENDPOINT              20
#define SAMPLEAPP_PROFID                0x0F08
#define SAMPLEAPP_DEVICEID              0x0001
#define SAMPLEAPP_DEVICE_VERSION        0
#define SAMPLEAPP_FLAGS                 0
#define SAMPLEAPP_MAX_CLUSTERS          2
#define SAMPLEAPP_PERIODIC_CLUSTERID    1
#define SAMPLEAPP_FLASH_CLUSTERID       2
// Send Message Timeout
#define SAMPLEAPP_SEND_PERIODIC_MSG_TIMEOUT  5000   // Every 5 seconds
// Application Events (OSAL) - These are bit weighted definitions.
#define SAMPLEAPP_SEND_PERIODIC_MSG_EVT        0x0001

#define MY_MSG_EVT                             0x0002

// Group ID for Flash Command
#define SAMPLEAPP_FLASH_GROUP                  0x0001
// Flash Command Duration - in milliseconds
#define SAMPLEAPP_FLASH_DURATION               1000
```

（6）在 ZDO_STATE_CHANGE 网络状态改变消息处理中，协调器调用 osal_set_event 函数触发协调器的 SAMPLEAPP_SEND_PERIODIC_MSG_EVT 系统事件，终端模块调用 osal_start_timerEx 定时器函数触发终端节点 MY_MSG_EVT 自定义事件，主要功能实现代码如下面代码段中的斜体字部分：

```
uint16 SampleApp_ProcessEvent( uint8 task_id, uint16 events )
{
  afIncomingMSGPacket_t *MSGpkt;
```

```
    (void)task_id;  // Intentionally unreferenced parameter
    if ( events & SYS_EVENT_MSG )
    {
      MSGpkt=(afIncomingMSGPacket_t *)osal_msg_receive(SampleApp_TaskID );
      while ( MSGpkt )
      {
        switch ( MSGpkt->hdr.event )
        {
          ...
          case ZDO_STATE_CHANGE:
            SampleApp_NwkState = (devStates_t)(MSGpkt->hdr.status);
            if (SampleApp_NwkState == DEV_ZB_COORD)
            {
            osal_set_event(SampleApp_TaskID,SAMPLEAPP_SEND_PERIODIC_
    MSG_EVT);
            }
            if (SampleApp_NwkState == DEV_END_DEVICE)
            {
             osal_start_timerEx( SampleApp_TaskID,
                             MY_MSG_EVT,
                             SAMPLEAPP_SEND_PERIODIC_MSG_TIMEOUT);
            }
            break;
          default:
            break;
        }
        osal_msg_deallocate( (uint8 *)MSGpkt );
        MSGpkt = (afIncomingMSGPacket_t *)osal_msg_receive( Sample
    App_TaskID );
      }
      return (events ^ SYS_EVENT_MSG);
    }
    return 0;
}
```

（7）在 SampleApp_ProcessEvent 系统事件处理函数中，一旦协调器组建网络成功之后，将协调器上的 P1_0 引脚所对应的 LED 灯点亮，主要功能实现代码如下面代码段中的斜体字部分：

```
uint16 SampleApp_ProcessEvent( uint8 task_id, uint16 events )
```

```
{
    afIncomingMSGPacket_t *MSGpkt;
    (void)task_id;          // Intentionally unreferenced parameter
    ...
    if ( events & SAMPLEAPP_SEND_PERIODIC_MSG_EVT)
    {
        P1_0 = 1;               //高电平点亮协调器 P1_0 灯
        P1_1 = 1;               //高电平点亮协调器 P1_1 灯
        return (events ^ SAMPLEAPP_SEND_PERIODIC_MSG_EVT);
    }
}
```

（8）在 SampleApp_ProcessEvent 自定义 MY_MSG_EVT 事件处理函数中，先调用 SampleApp_SendPeriodicMessage 函数，在 osal_start_timerEx 定时器函数触发 MY_MSG_EVT 自定义事件，表示周期性地调用 SampleApp_SendPeriodicMessage 函数，主要功能实现代码如下面代码段中的斜体字部分：

```
uint16 SampleApp_ProcessEvent( uint8 task_id, uint16 events )
{
    afIncomingMSGPacket_t *MSGpkt;
    (void)task_id;   // Intentionally unreferenced parameter
    ...
    if ( events & MY_MSG_EVT )
    {
        SampleApp_SendPeriodicMessage();

        osal_start_timerEx( SampleApp_TaskID,
                       MY_MSG_EVT,
               SAMPLEAPP_SEND_PERIODIC_MSG_TIMEOUT );
            return (events ^ MY_MSG_EVT);
    }
    // Discard unknown events
    return 0;
}
```

（9）在 SampleApp_SendPeriodicMessage 函数中，当终端节点模块光照传感器检测 P0_7 引脚的为高电平时，表示当前无光照；否则有光照，然后调用无线发送函数以单播方式发送光照度信息至协调器模块，主要功能实现代码如下面代码段中的斜体字部分：

```
void SampleApp_SendPeriodicMessage( void )
```

```
{
  byte state;
    P0DIR &= 0x7f;
    if(P0_7 == 1)
    {
      MicroWait(10);          //等待10ms
      {
       state = 0x31;          //代表无光
      }
    }
    else
    {
      state = 0x30;           //代表有光
    }
    SampleApp_Periodic_DstAddr.addrMode=(afAddrMode_t)Addr16Bit;
    SampleApp_Periodic_DstAddr.addr.shortAddr = 0x0000;
    //接收模块协调器的网络地址
    SampleApp_Periodic_DstAddr.endPoint =SAMPLEAPP_ENDPOINT;
    //接收模块的端点号
    AF_DataRequest(&SampleApp_Periodic_DstAddr,&SampleApp_epDesc,
                   SAMPLEAPP_PERIODIC_CLUSTERID,
                   1,//发送的长度
                   &state,//首地址
                   &SampleApp_TransID,
                   AF_DISCV_ROUTE,
                   AF_DEFAULT_RADIUS );
}
```

（10）一旦协调器模块收到终端节点模块周期性无线发送过来的光照度信息之后，会调用 SampleApp_MessageMSGCB 函数进行接收，一方面通过串口通信在 PC 端实时显示，另一方面当光照数据为字符"1"（16 进制 ASCII 值为 0x31），表示当前无光照，则发送正转步进电机命令至终端节点，否则发送反转步进电机命令至终端节点，主要功能实现代码如下面代码段中的斜体字部分：

```
void SampleApp_MessageMSGCB( afIncomingMSGPacket_t *pkt )
{
    if(pkt->cmd.Data[0] == 0x31)
    {
      HalUARTWrite(0,"no light!",9);
      HalUARTWrite(0,"\n",1);           //回车换行
```

```
    }
    else
    {
      HalUARTWrite(0,"light!",6);
      HalUARTWrite(0,"\n",1);          //回车换行
    }
    GenericApp_DstAddr.addrMode = (afAddrMode_t)AddrBroadcast;
    //设置协调器广播
    GenericApp_DstAddr.endPoint=SAMPLEAPP_ENDPOINT;
    GenericApp_DstAddr.addr.shortAddr = 0xFFFF;
    //向所有节点广播
    if (pkt->cmd.Data[0]==0x31)         //代表当前无光
    {
    AF_DataRequest( &GenericApp_DstAddr, &SampleApp_epDesc,
                    SAMPLEAPP_COM_CLUSTERID,
                    2,//发送2个字节
                    "21",
                    &SampleApp_TransID,
                    AF_DISCV_ROUTE, AF_DEFAULT_RADIUS );
    }
    else
    {
      AF_DataRequest( &GenericApp_DstAddr, &SampleApp_epDesc,
                    SAMPLEAPP_COM_CLUSTERID,
                    2,//发送2个字节
                    "20",
                    &SampleApp_TransID,
                    AF_DISCV_ROUTE, AF_DEFAULT_RADIUS );
    }

  break;
}
```

（11）一旦终端节点模块收到协调器无线发送过来的字符串信息之后，会调用 SampleApp_MessageMSGCB 函数进行接收，通过字符判断以控制步进电机正转还是反转，主要功能实现代码如下面代码段中的斜体字部分：

```
void SampleApp_MessageMSGCB( afIncomingMSGPacket_t *pkt )
{
  uint16 flashTime,len,i,j;
  switch ( pkt->clusterId )
  {
```

```
case SAMPLEAPP_COM_CLUSTERID:
if(pkt->cmd.Data[0] == '2' & pkt->cmd.Data[1] == '1')
{
    if(flag1 == 0)
    {
        //反转步进电机
        MotorREV(2);
        flag1 = 1;
        flag2 = 0;
    }
}
if(pkt->cmd.Data[0] == '2' & pkt->cmd.Data[1] == '0')
{
    if(flag2 == 0)
    {
        //正转步进电机
        MotorFFW(2);
        flag2 = 1;
        flag1 = 0;
    }
}
}
break;
}
```

视 频 ●----

项目6 光照度
采集步进电机
控制应用视频2

4. 下载程序至协调器模块和终端设备模块

（1）选择 CoordinatorEB 选项，单击图 6-25 所示的三角下载按钮，将程序通过 PC 端下载至设备中的协调器模块中。

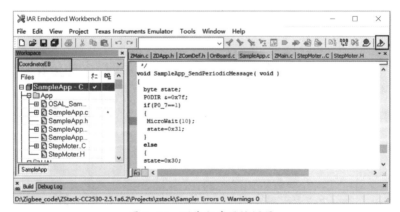

图 6-25　下载程序至协调器

（2）当下载过程中出现图 6-26 所示的界面之后，先单击"全速运行"按钮，再单击打叉按钮 ✖，完成整个程序的下载。

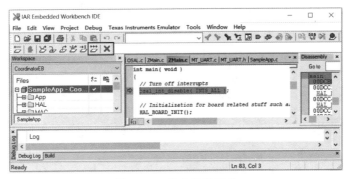

图 6-26　完成程序下载

（3）选择 EndDevice 选项，单击图 6-27 所示的三角下载按钮 ⤓，将程序通过 PC 端下载至设备中的终端节点模块中。

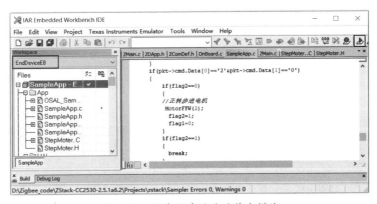

图 6-27　下载程序至终端节点模块

（4）当下载过程中出现图 6-28 所示的界面之后，先单击"全速运行"按钮，再单击打叉按钮 ✖，完成整个程序的下载。

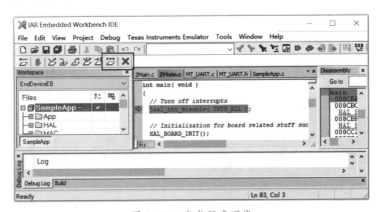

图 6-28　完成程序下载

5. 物联网程序运行效果

（1）通过 USB 线缆分别连接物联网设备协调器模块的 USB 接口和终端节点模块的 USB 接口，当协调器组网成功指示灯点亮，然后终端节点模块加入无线传感网络，这时光敏电阻周期性地采集光照度信息，显示图 6-29 所示的运行效果。

图 6-29　终端模块光照度周期性采集

（2）通过 PC 端串口调试助手实时显示当前光照度信息。如果当前环境有光照则显示 "light!"，否则显示 "no light ！"，如图 6-30 所示。

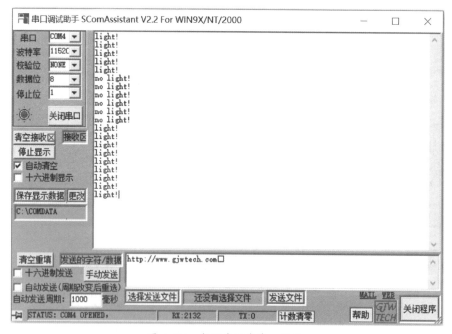

图 6-30　光照度信息串口显示

（3）协调器周期性地收到终端模块无线传输的光照度数据之后，如果当前有光照信息，模块显示如图 6-31 所示。

图 6-31　光照度步进电机联动控制

拓 展 任 务

任务描述

通过本项目二个任务的光照采集控制操作训练，同学们已经掌握了协调器和终端节点组网成功之后，终端节点模块开始周期性的采集光照度数据，然后以单播方式无线发送至协调器模块，最后协调器通过串口通信显示在 PC 端。一方面终端节点模块中光敏电阻周期性地采集光照信息无线发送至协调器模块；另一方面协调器收到无线发送过来的光照信息之后，如果当前环境有光照，无线发送命令给终端节点模块，以控制步进电机正转，否则控制步进电机反转。

任务要求

（1）串口通信波特率设置为 9600。

（2）协调器和终端设备模块组建无线传感网络成功之后，终端节点模块周期性地将光照度数据以无线单播方式发送至协调器模块，在 PC 端串口调试工具中实时显示。

（3）协调器收到无线发送过来的光照信息之后，根据当前环境有无光照，向终端模块发送字符串命令联动控制 LED 灯，实现无光开灯、有光关灯自动控制。

项 目 评 价 表

评价要素		分值	学生自评 30%	项目组互评 20%	教师评分 50%	各项总分	合计总分
终端节点光照度采集协调器串口通信显示	完成代码	10					
	完成终端节点光照度采集协调器串口通信显示	15					
光照度采集步进电机控制应用	完成代码	10					
	完成光照度采集步进电机控制应用	15					
拓展训练	完成拓展训练	20					
项目总结报告		10	教师评价				
素质考核	工作操守	5					
	学习态度	5					
	合作与交流	5					
	出勤	5					

学生自评签名：

日期：

项目组互评签名：

日期：

教师签名：

日期：

补充说明：

项目 **7**

无线传感网络人体红外采集应用

项目情境

随着社会的发展，各种方便于生活的自动控制系统进入人们的生活中，以热释电人体红外传感器为核心的智能感应水龙头开启系统就是其中之一。智能感应水龙头广泛用于商店、酒店、企事业单位等场所，它利用热释电人体红外感应传感器特性，当有人用手靠近水龙头时，它会自动感应到人体，从而发出指令将水阀打开，一旦检测无人存在时，将自动关闭水阀，以实现节能降耗。

本项目首先通过协调器组网之后，终端节点加入网络并采集人体红外数据信息，无线发送至协调器完成 PC 端串口人体红外信息显示，然后根据采集的人体红外信息，实现继电器联动控制。

学习目标

知识目标

■ 掌握热释电人体红外传感器采集流程

■ 掌握热释电人体红外信息串口发送方式

■ 掌握热释电人体红外采集继电器联动控制程序设计

■ 掌握热释电人体红外采集继电器联动控制程序实现

技能目标

■ 会使用设备通过串口通信获取人体红外信息

■ 会使用热释电人体红外传感器采集继电器联动控制

任务 7.1 终端节点人体红外采集协调器串口通信显示

任务描述

在上一个项目中通过协调器组建网络成功之后，将终端设备模块加入无线传感网络，一旦成功加入网络之后，终端节点模块开始周期性的采集光照度传感器数据，然后以单播方式无线发送至协调器模块，最后协调器通过串口通信显示在 PC 端。本次任务协调器组建网络成功之后，将终端设备模块加入无线传感网络，一旦成功加入

177

网络之后，终端节点模块开始周期性地采集人体红外传感器数据，然后以单播方式无线发送至协调器模块，最后通过串口通信显示在 PC 端。

**任务分析**

物联网设备的协调器模块主要包括基于 CC2530 的无线通信模块、按键和 LED 灯，同时终端设备模块包括相关传感器及控制机构。一方面当协调器模块加电启动运行时，CC2530 的无线通信模块开始组建无线传感网络。当网络运行状态为协调器网络状态时，触发系统事件，点亮两盏 LED 灯，表示协调器模块已成为协调器。另一方面将终端设备模块加电加入无线传感网络，当网络状态变成终端节点角色之后，终端节点模块开始周期性通过单播方式无线发送人体红外数据信息，最后到达协调器模块后调用 SampleApp_MessageMSGCB 函数收到人体红外信息，通过串口通信在 PC 端实时显示，如图 7-1 所示。

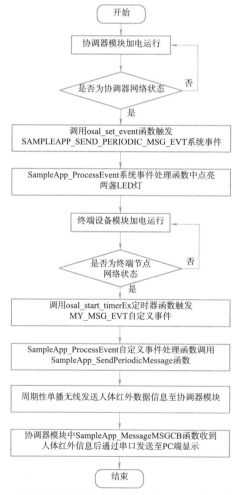

图 7-1　终端节点模块加入网络发送人体红外信息流程图

操作方法与步骤

1. 运行 ZStack 协议栈工程项目

（1）打开 IAR Embedded Workbench for 8051 8.10 Evaluation → IAR Embedded Workbench 开发平台，如图 7-2 所示。

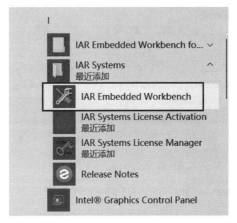

图 7-2　IAR Embedded Workbench 开发平台

（2）选择 File → Open → Workspace 选项，如图 7-3 所示。

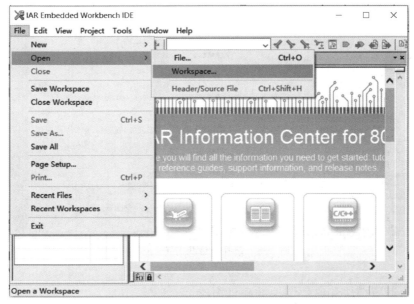

图 7-3　选择 Workspace 选项

（3）打开目录 D:\Zigbee_code\ZStack-CC2530-2.5.1a_6.1\Projects\zstack\Samples\SampleApp\CC2530DB 里面的 SampleApp.eww 工程文件，如图 7-4 所示。

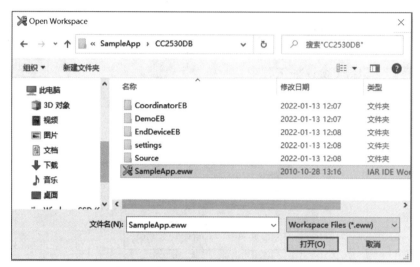

图 7-4　打开 SampleApp.eww 工程文件

（4）在图 7-5 所示界面左侧的 Workspace 项的下拉列表中选择 CoordinatorEB 选项之后，打开 SampleApp.c 文件，在左上角下拉列表中可以选择协调器角色或者终端节点角色。

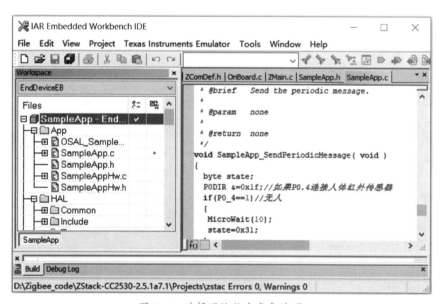

图 7-5　选择网络状态角色选项

2. 协调器模块和终端模块的硬件电路

（1）协调器模块上 CC2530 通信模块的 P1_0 引脚连接 LED1 灯，P1_1 引脚连接另一个 LED2 灯，通过输出高低电平可以点亮或者熄灭 LED 灯，如图 7-6 所示。

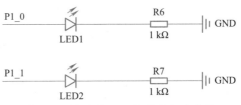

图 7-6　协调器 LED 灯引脚电路连接

（2）终端模块上 CC2530 通信模块的 P0_4 引脚连接热释电人体红外传感器模块，通过检测 P0_4 引脚的高低电平，可以判断当前环境有人还是无人，如图 7-7 所示。

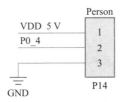

图 7-7　终端节点热释电人体红外传感器电路连接

3．编写项目功能代码

（1）在 SampleApp_Init 函数中初始化串口通信，主要功能实现代码如下面代码段中的斜体字部分：

```
void SampleApp_Init( uint8 task_id )
{
  SampleApp_TaskID = task_id;
  SampleApp_NwkState = DEV_INIT;
  SampleApp_TransID = 0;
  MT_UartInit();                    //MT 层串口初始化函数
  MT_UartRegisterTaskID(task_id);   //向应用任务 ID 登记串口事件
  ...
}
```

（2）打开 MT_UART.h 头文件，将串口波特率修改为 115200，主要功能实现代码如下面代码段中的斜体字部分：

```
#if !defined MT_UART_DEFAULT_BAUDRATE
  #define MT_UART_DEFAULT_BAUDRATE          HAL_UART_BR_115200
#endif
```

（3）打开 MT_UART.h 头文件，将串口流控关闭，因为串口通信只用 RX 和 TX 两根线，主要功能实现代码如下面代码段中的斜体字部分：

```
#if !defined( MT_UART_DEFAULT_OVERFLOW )
  #define MT_UART_DEFAULT_OVERFLOW        FALSE
```

```
#endif
```

（4）在 SampleApp_Init 函数中初始化 P1_0 和 P1_1 两盏 LED 灯，使之熄灭，主要功能实现代码如下面代码段中的斜体字部分：

```
void SampleApp_Init( uint8 task_id )
{
  SampleApp_TaskID = task_id;
  SampleApp_NwkState = DEV_INIT;
  SampleApp_TransID = 0;
  P1DIR |= 0x03;
  P1_0 = 0;        // 初始化熄灭 P1_0 灯
  P1_1 = 0;        // 初始化熄灭 P1_1 灯
  ...
}
```

（5）打开 SampleApp.h 头文件，添加自定义事件 MY_MSG_EVT，主要功能实现代码如下面代码段中的斜体字部分：

```
#define SAMPLEAPP_ENDPOINT              20
#define SAMPLEAPP_PROFID                0x0F08
#define SAMPLEAPP_DEVICEID              0x0001
#define SAMPLEAPP_DEVICE_VERSION        0
#define SAMPLEAPP_FLAGS                 0
#define SAMPLEAPP_MAX_CLUSTERS          2
#define SAMPLEAPP_PERIODIC_CLUSTERID    1
#define SAMPLEAPP_FLASH_CLUSTERID       2
// Send Message Timeout
#define SAMPLEAPP_SEND_PERIODIC_MSG_TIMEOUT   5000   // Every 5 seconds
// Application Events (OSAL) - These are bit weighted definitions.
#define SAMPLEAPP_SEND_PERIODIC_MSG_EVT       0x0001

#define MY_MSG_EVT                            0x0002

// Group ID for Flash Command
#define SAMPLEAPP_FLASH_GROUP                 0x0001
// Flash Command Duration - in milliseconds
#define SAMPLEAPP_FLASH_DURATION              1000
```

（6）在 ZDO_STATE_CHANGE 网络状态改变消息处理中，协调器调用 osal_set_event 函数触发 SAMPLEAPP_SEND_PERIODIC_MSG_EVT 系统事件，终端节点调用 osal_start_timerEx 定时器函数触发 MY_MSG_EVT 自定义事件，主要功能代码实现如

下面代码段中的斜体字部分：

```
uint16 SampleApp_ProcessEvent( uint8 task_id, uint16 events )
{
  afIncomingMSGPacket_t *MSGpkt;
  (void)task_id;  // Intentionally unreferenced parameter
  if ( events & SYS_EVENT_MSG )
  {
    MSGpkt=(afIncomingMSGPacket_t *)osal_msg_receive(SampleApp_TaskID );
    while ( MSGpkt )
    {
      switch ( MSGpkt->hdr.event )
      {
        ...
        case ZDO_STATE_CHANGE:
          SampleApp_NwkState = (devStates_t)(MSGpkt->hdr.status);
          if (SampleApp_NwkState == DEV_ZB_COORD)
          {
           osal_set_event(SampleApp_TaskID,SAMPLEAPP_SEND_PERIODIC_
MSG_EVT);
          }
          if (SampleApp_NwkState == DEV_END_DEVICE)
          {
           osal_start_timerEx( SampleApp_TaskID,
                        MY_MSG_EVT,
                        SAMPLEAPP_SEND_PERIODIC_MSG_TIMEOUT);
          }
          break;
        default:
          break;
      }
      osal_msg_deallocate( (uint8 *)MSGpkt );
      MSGpkt = (afIncomingMSGPacket_t *)osal_msg_receive( Sample
App_TaskID );
    }
    return (events ^ SYS_EVENT_MSG);
  }
  return 0;
}
```

（7）在 SampleApp_ProcessEvent 系统事件处理函数中，一旦协调器组建网络成功之后，将协调器上的 P1_0 和 P1_1 引脚所对应的 LED 灯点亮，主要功能实现代码如下面代码段中的斜体字部分：

```
uint16 SampleApp_ProcessEvent( uint8 task_id, uint16 events )
{
  afIncomingMSGPacket_t *MSGpkt;
  (void)task_id;  // Intentionally unreferenced parameter
  ...
  if ( events & SAMPLEAPP_SEND_PERIODIC_MSG_EVT)
  {
    P1_0 = 1;   //高电平点亮协调器 P1_0灯
    P1_1 = 1;   //高电平点亮协调器 P1_1灯
    return (events ^ SAMPLEAPP_SEND_PERIODIC_MSG_EVT);
  }
}
```

（8）在 SampleApp_ProcessEvent 自定义 MY_MSG_EVT 事件处理函数中，先调用 SampleApp_SendPeriodicMessage 函数，在 osal_start_timerEx 定时器函数触发终端节点 MY_MSG_EVT 自定义事件，表示周期性地调用 SampleApp_SendPeriodicMessage 函数，主要功能实现代码如下面代码段中的斜体字部分：

```
uint16 SampleApp_ProcessEvent( uint8 task_id, uint16 events )
{
  afIncomingMSGPacket_t *MSGpkt;
  (void)task_id;  // Intentionally unreferenced parameter
  ...
  if ( events & MY_MSG_EVT )
  {
      SampleApp_SendPeriodicMessage();

      osal_start_timerEx( SampleApp_TaskID,
                          MY_MSG_EVT,
          SAMPLEAPP_SEND_PERIODIC_MSG_TIMEOUT );
      return (events ^ MY_MSG_EVT);
  }
  // Discard unknown events
  return 0;
}
```

（9）在 SampleApp_SendPeriodicMessage 函数中，当终端节点模块光照传感器检

测 P0_4 引脚为低电平时，表示当前无人，否则检测到当前有人，然后调用无线发送函数，以单播方式发送人体红外信息至协调器模块，主要功能实现代码如下面代码段中的斜体字部分：

```
void SampleApp_SendPeriodicMessage( void )
{
  byte state;
  P0DIR &=0x1f;//P0.4连接人体红外传感器
  if(P0_4==0)//无人
  {
    MicroWait(10);
    state=0x31;
  }
  if(P0_4==1)//有人
  {
    MicroWait(10);
    state=0x30;
  }
  SampleApp_Periodic_DstAddr.addrMode = (afAddrMode_t)Addr16Bit;
  //接收模块协调器的网络地址
  SampleApp_Periodic_DstAddr.addr.shortAddr = 0x0000;
  //接收模块的端点号
  SampleApp_Periodic_DstAddr.endPoint =SAMPLEAPP_ENDPOINT ;
  AF_DataRequest( &SampleApp_Periodic_DstAddr, &SampleApp_epDesc,
                  SAMPLEAPP_PERIODIC_CLUSTERID,
                  1,//发送的长度
                  &state,//首地址
                  &SampleApp_TransID,
                  AF_DISCV_ROUTE,
                  AF_DEFAULT_RADIUS );
}
```

（10）一旦协调器模块收到终端节点模块周期性无线发送过来的人体红外信息之后，调用 SampleApp_MessageMSGCB 函数进行接收，并通过串口通信在 PC 端实时显示，主要功能实现代码如下面代码段中的斜体字部分：

```
void SampleApp_MessageMSGCB ( afIncomingMSGPacket_t *pkt )
{
  uint16 flashTime;
  switch ( pkt->clusterId )
```

```
    {
    case SAMPLEAPP_PERIODIC_CLUSTERID:
    if(pkt->cmd.Data[0] == 0x31)
    {
        HalUARTWrite(0,"people!",7);
        HalUARTWrite(0,"\n",1);            //回车换行
    }
    if(pkt->cmd.Data[0] == 0x30)
    {
        HalUARTWrite(0,"no people!",10);
        HalUARTWrite(0,"\n",1);            //回车换行
    }
    }
}
```

4. 下载程序至协调器模块和终端设备模块

（1）通过 USB 线缆一端连接 CC2530 仿真器接口，另一端连接 PC 端的 USB 接口，再将仿真器的扁型电缆插入协调器模块上的 JTAG 程序下载口，如图 7-8 所示。

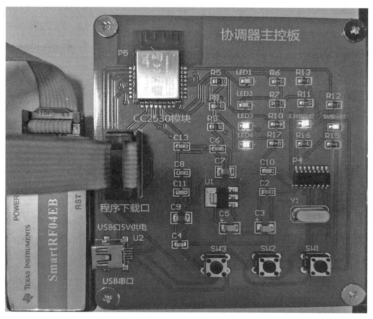

图 7-8　仿真器连接模块 JTAG 程序下载口

（2）选择 CoordinatorEB 选项，单击图 7-9 所示的三角下载按钮 ，将程序通过 PC 端下载至设备中的协调器模块中。

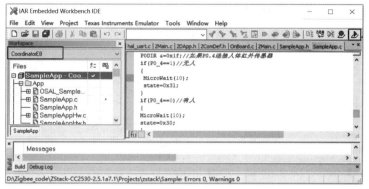

图 7-9　下载程序至协调器

（3）当下载过程中出现图 7-10 所示的界面之后，先单击"全速运行"按钮，再单击打叉按钮 ✖，完成整个程序的下载。

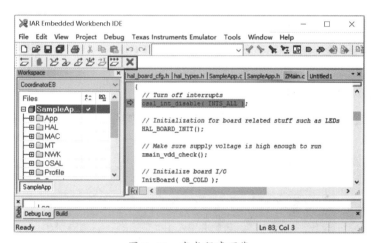

图 7-10　完成程序下载

（4）选择 EndDevice 选项，单击图 7-11 所示的三角下载按钮 ⬇，将程序通过 PC 端下载至设备中的终端节点模块中。

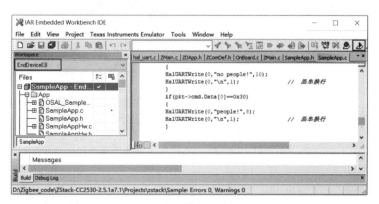

图 7-11　下载程序至终端节点模块

（5）当下载过程中出现图 7-12 所示的界面之后，先单击"全速运行"按钮，再单击打叉按钮 ⊠ ，完成整个程序的下载。

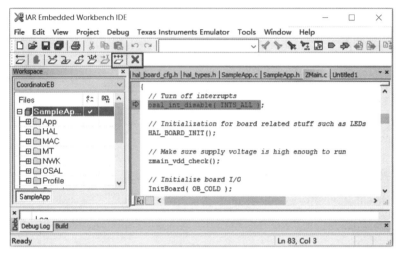

图 7-12　完成程序下载

5. 物联网程序运行效果

（1）通过 USB 线缆分别连接物联网设备协调器模块的 USB 接口和终端节点模块的 USB 接口，当协调器组网成功指示灯点亮，然后终端节点模块加入无线传感网络，这时人体红外传感器周期性地采集人体红外信息，模块显示如图 7-13 所示。

图 7-13　终端模块光照度采集模块显示

（2）协调器周期性地收到终端模块无线传输的人体红外信息之后，通过 PC 端串口调试助手实时显示。如果采集到周围环境有人，信息显示"people！"，代表有人；否则显示"no people！"，代表无人，如图 7-14 所示。

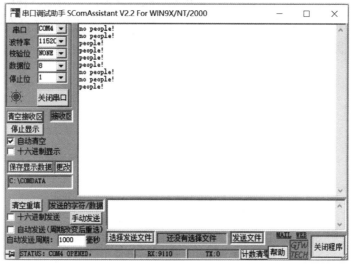

图 7-14　串口光照度信息显示

任务 7.2　人体红外采集继电器控制应用

任务描述

在上一个任务中通过协调器组建网络成功之后，将终端设备模块加入无线传感网络，一旦成功加入网络之后，终端节点模块开始周期性的采集人体红外传感器数据，然后以单播方式无线发送至协调器模块，最后协调器通过串口通信显示在 PC 端。本次任务是当协调器组建网络成功之后，将终端设备模块加入无线传感网络，一旦成功加入网络之后，一方面终端节点模块中热释电传感器周期性地采集人体红外数据无线发送至协调器模块，另一方面协调器收到无线发送过来的人体红外数据之后，如果检测到当前有人信息，无线发送命令给终端节点模块，以控制继电器闭合，否则控制继电器断开。

任务分析

物联网设备的协调器模块主要包括基于 CC2530 的无线通信模块、按键和 LED 灯，同时终端设备模块包括相关传感器及控制机构。一方面当协调器模块加电启动运行时，CC2530 的无线通信模块开始组建无线传感网络。当网络运行状态为协调器网络状态时，触发系统事件，点亮两盏 LED 灯，表示协调器模块已成为协调器。另一方面将终端设备模块加电加入无线传感网络，当网络状态变成终端节点角色之后，一方面终端节点模块将人体红外数据信息通过单播方式周期性地无线发送，最后到达协调器模块后调用SampleApp_MessageMSGCB函数收到人体红外信息，并通过串口通信显示在PC端；另一方面如果采集到当前有人，则无线发送两个字节命令信息给终端节点模块，以控制继电器闭合，否则控制继电器断开，如图7-15所示。

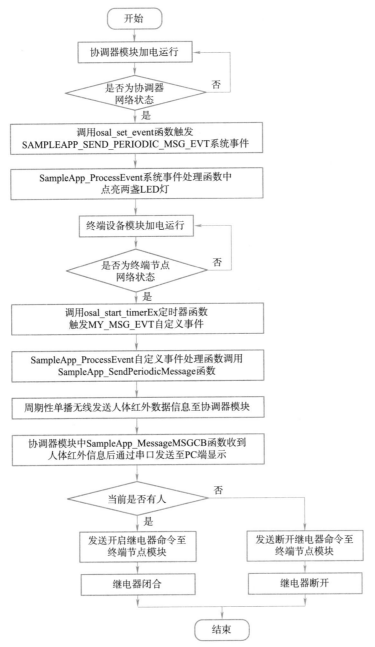

图7-15 人体红外采集继电器控制应用流程图

操作方法与步骤

1. 运行 ZStack 协议栈工程项目

（1）打开 IAR Embedded Workbench for 8051 8.10 Evaluation → IAR Embedded Workbench 开发平台，如图 7-16 所示。

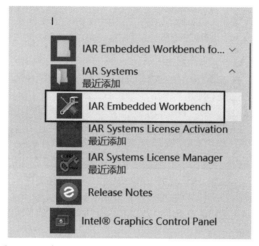

图 7-16　打开 IAR Embedded Workbench 开发平台

（2）选择 File → Open → Workspace 选项，如图 7-17 所示。

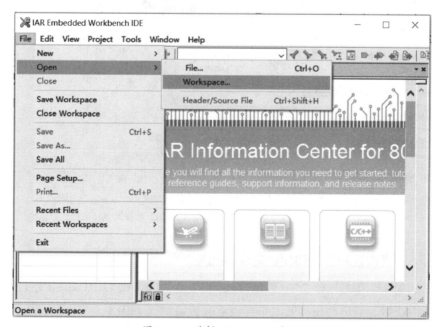

图 7-17　选择 Workspace 选项

（3）打开目录 D:\Zigbee_code\ZStack-CC2530-2.5.1a_7.2\Projects\zstack\Samples\ SampleApp\ CC2530DB 里面的 SampleApp.eww 工程文件，如图 7-18 所示。

图 7-18　打开 SampleApp.eww 工程文件

（4）打开 ZStack-CC2530-2.5.1a_7.2 工程之后，其结构如图 7-19 所示。

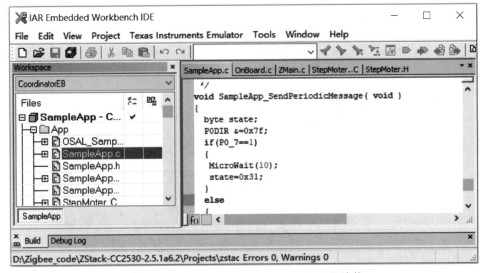

图 7-19　ZStack-CC2530-2.5.1a_7.2 工程结构

2．协调器模块和终端模块的硬件电路

（1）协调器模块上 CC2530 通信模块的 P1_0 引脚连接 LED1 灯，P1_1 引脚连接另一个 LED2 灯，通过输出高低电平可以点亮或者熄灭 LED 灯，如图 7-20 所示。

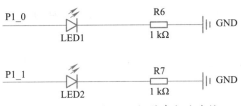

图 7-20　协调器 LED 灯引脚电路连接

（2）终端模块上 CC2530 通信模块的 P1_6 引脚连接继电器模块，通过输出高低电平可以断开或者闭合继电器，如图 7-21 所示。

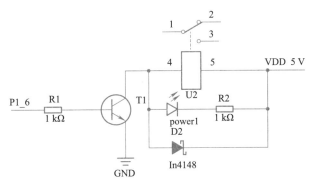

图 7-21　终端模块继电器电路连接

3. 编写项目功能代码

（1）在 SampleApp_Init 函数中初始化串口通信，主要功能实现代码如下面代码段中的斜体字部分：

```
void SampleApp_Init( uint8 task_id )
{
  SampleApp_TaskID = task_id;
  SampleApp_NwkState = DEV_INIT;
  SampleApp_TransID = 0;
  MT_UartInit();                  //MT 层串口初始化函数
  MT_UartRegisterTaskID(task_id); //向应用任务 ID 登记串口事件
  ...
}
```

（2）打开 MT_UART.h 头文件，将串口波特率修改为 115200，主要功能实现代码如下面代码段中的斜体字部分：

```
#if !defined MT_UART_DEFAULT_BAUDRATE
  #define MT_UART_DEFAULT_BAUDRATE          HAL_UART_BR_115200
#endif
```

（3）打开 MT_UART.h 头文件，将串口流控关闭，因为串口通信只用 RX 和 TX

两根线，主要功能实现代码如下面代码段中的斜体字部分：

```
#if !defined( MT_UART_DEFAULT_OVERFLOW )
  #define MT_UART_DEFAULT_OVERFLOW          FALSE
#endif
```

（4）在 SampleApp_Init 函数中初始化 P1_0 和 P1_1 两盏 LED 灯，使之熄灭，主要功能实现代码如下面代码段中的斜体字部分：

```
void SampleApp_Init( uint8 task_id )
{
  SampleApp_TaskID = task_id;
  SampleApp_NwkState = DEV_INIT;
  SampleApp_TransID = 0;
  P1DIR |= 0x03;
  P1_0=1;        // 初始化熄灭 P1_0 灯
  P1_1=1;        // 初始化熄灭 P1_1 灯
  ...
}
```

（5）打开 SampleApp.h 头文件，添加自定义事件 MY_MSG_EVT，主要功能实现代码如下面代码段中的斜体字部分：

```
#define SAMPLEAPP_ENDPOINT              20
#define SAMPLEAPP_PROFID                0x0F08
#define SAMPLEAPP_DEVICEID              0x0001
#define SAMPLEAPP_DEVICE_VERSION        0
#define SAMPLEAPP_FLAGS                 0
#define SAMPLEAPP_MAX_CLUSTERS          2
#define SAMPLEAPP_PERIODIC_CLUSTERID    1
#define SAMPLEAPP_FLASH_CLUSTERID       2
// Send Message Timeout
#define SAMPLEAPP_SEND_PERIODIC_MSG_TIMEOUT   5000  // Every 5 seconds
// Application Events (OSAL) - These are bit weighted definitions.
#define SAMPLEAPP_SEND_PERIODIC_MSG_EVT       0x0001

#define MY_MSG_EVT                            0x0002

// Group ID for Flash Command
#define SAMPLEAPP_FLASH_GROUP           0x0001
// Flash Command Duration - in milliseconds
#define SAMPLEAPP_FLASH_DURATION        1000
```

（6）在 ZDO_STATE_CHANGE 网络状态改变消息处理中，调用 osal_set_event 函

数触发协调器的 SAMPLEAPP_SEND_PERIODIC_MSG_EVT 系统事件，调用 osal_start_
timerEx 定时器函数触发终端节点 MY_MSG_EVT 自定义事件，主要功能实现代码如
下面代码段中的斜体字部分：

```
uint16 SampleApp_ProcessEvent( uint8 task_id, uint16 events )
{
  afIncomingMSGPacket_t *MSGpkt;
  (void)task_id;  // Intentionally unreferenced parameter
  if ( events & SYS_EVENT_MSG )
  {
    MSGpkt=(afIncomingMSGPacket_t *)osal_msg_receive(SampleApp_TaskID );
    while ( MSGpkt )
    {
      switch ( MSGpkt->hdr.event )
      {
        ...
        case ZDO_STATE_CHANGE:
          SampleApp_NwkState = (devStates_t)(MSGpkt->hdr.status);
          if (SampleApp_NwkState == DEV_ZB_COORD)
          {
           osal_set_event(SampleApp_TaskID,SAMPLEAPP_SEND_PERIODIC_
MSG_EVT);
          }
          if (SampleApp_NwkState == DEV_END_DEVICE)
          {
           osal_start_timerEx( SampleApp_TaskID,
                          MY_MSG_EVT,
                          SAMPLEAPP_SEND_PERIODIC_MSG_TIMEOUT);
          }
          break;
        default:
          break;
      }
      osal_msg_deallocate( (uint8 *)MSGpkt );
      MSGpkt = (afIncomingMSGPacket_t *)osal_msg_receive( Sample
App_TaskID );
    }
    return (events ^ SYS_EVENT_MSG);
  }
  return 0;
}
```

（7）在 SampleApp_ProcessEvent 系统事件处理函数中，一旦协调器组建网络成

功之后，将协调器上的 P1_0 和 P1_1 引脚所对应的 LED 灯点亮，主要功能实现代码
如下面代码段中的斜体字部分：

```
uint16 SampleApp_ProcessEvent( uint8 task_id, uint16 events )
{
  afIncomingMSGPacket_t *MSGpkt;
  (void)task_id;       // Intentionally unreferenced parameter
  ...
  if ( events & SAMPLEAPP_SEND_PERIODIC_MSG_EVT)
  {
    P1DIR |= 0x03;
    P1_0 = 1;              //高电平点亮协调器 P1_0 灯
    P1_1 = 1;              //高电平点亮协调器 P1_1 灯
    return (events ^ SAMPLEAPP_SEND_PERIODIC_MSG_EVT);
  }
}
```

（8）在 SampleApp_ProcessEvent 自定义 MY_MSG_EVT 事件处理函数中，先调
用 SampleApp_SendPeriodicMessage 函数，在 osal_start_timerEx 定时器函数触发 MY_
MSG_EVT 自定义事件，表示周期性地调用 SampleApp_SendPeriodicMessage 函数，主
要功能实现代码如下面代码段中的斜体字部分：

```
uint16 SampleApp_ProcessEvent( uint8 task_id, uint16 events )
{
  afIncomingMSGPacket_t *MSGpkt;
  (void)task_id;  //Intentionally unreferenced parameter
  ...
  if ( events & MY_MSG_EVT )
  {
    SampleApp_SendPeriodicMessage();

    osal_start_timerEx( SampleApp_TaskID,
                        MY_MSG_EVT,
    SAMPLEAPP_SEND_PERIODIC_MSG_TIMEOUT );
    return (events ^ MY_MSG_EVT);
  }
  // Discard unknown events
  return 0;
}
```

（9）在 SampleApp_SendPeriodicMessage 函数中，当终端节点模块热释电人体红外，

传感器检测 P0.4 引脚为低电平时，表示当前无人，否则有人，然后调用无线发送函数，以单播方式发送人体红外信息至协调器模块，主要功能实现代码如下面代码段中的斜体字部分：

```
void SampleApp_SendPeriodicMessage( void )
{
  byte state;
  P0DIR &= 0x1f;        //P0.4引脚连接人体红外传感器
  if(P0_4 == 1)
  {
    MicroWait(10);
    state = 0x31;
  }
  else
  {
    state = 0x30;
  }
  SampleApp_Periodic_DstAddr.addrMode = (afAddrMode_t)Addr16Bit;
  //接收模块协调器的网络地址
  SampleApp_Periodic_DstAddr.addr.shortAddr = 0x0000;
  //接收模块的端点号
  SampleApp_Periodic_DstAddr.endPoint = SAMPLEAPP_ENDPOINT;
  AF_DataRequest( &SampleApp_Periodic_DstAddr, &SampleApp_epDesc,
                  SAMPLEAPP_PERIODIC_CLUSTERID,
                  1,//发送的长度
                  &state,//首地址
                  &SampleApp_TransID,
                  AF_DISCV_ROUTE,
                  AF_DEFAULT_RADIUS );
}
```

（10）一旦协调器模块收到终端节点模块周期性无线发送过来的人体红外信息之后，会调用 SampleApp_MessageMSGCB 函数进行接收。一方面通过串口通信在 PC 端实时显示；另一方面当人体红外数据为字符"1"（16 进制 ASCII 值为 0x31），表示当前有人，则发送"ON"命令至终端节点，否则发送"OFF"命令至终端节点，主要功能实现代码如下面代码段中的斜体字部分：

```
void SampleApp_MessageMSGCB( afIncomingMSGPacket_t *pkt )
{
    if(pkt->cmd.Data[0] == 0x30)
    {
```

```
      HalUARTWrite(0,"no people!",10);
      HalUARTWrite(0,"\n",1);                //回车换行
   }
   else
   {
      HalUARTWrite(0,"People!",7);       //代表检测有人
      HalUARTWrite(0,"\n",1);                //回车换行
   }
   //设置协调器广播
   GenericApp_DstAddr.addrMode = (afAddrMode_t)AddrBroadcast;
   GenericApp_DstAddr.endPoint = SAMPLEAPP_ENDPOINT;
   //向所有节点广播
   GenericApp_DstAddr.addr.shortAddr = 0xFFFF;
   if (pkt->cmd.Data[0] == 0x31)     //低电平代表有人
   {
      AF_DataRequest( &GenericApp_DstAddr, &Sample App_epDesc,
                      SAMPLEAPP_COM_CLUSTERID,
                      2,//发送2个字节
                      "ON",
                      &SampleApp_TransID,
                      AF_DISCV_ROUTE, AF_DEFAULT_RADIUS );
   }
   else    //高电平代表无人

   {
      AF_DataRequest( &GenericApp_DstAddr, &Sample App_epDesc,
                      SAMPLEAPP_COM_CLUSTERID,
                      3,//发送2个字节
                      "OFF",
                      &SampleApp_TransID,
                      AF_DISCV_ROUTE, AF_DEFAULT_RADIUS );
   }
   break;
}
```

（11）一旦终端节点模块收到协调器无线发送过来的字符串信息之后，调用 SampleApp_MessageMSGCB 函数进行接收，通过字符判断以控制继电器断开还是闭合，主要功能实现代码如下面代码段中的斜体字部分：

```
void SampleApp_MessageMSGCB( afIncomingMSGPacket_t *pkt )
```

```
{
    uint16 flashTime,len;
    switch ( pkt->clusterId )
    {
        case SAMPLEAPP_COM_CLUSTERID:
        if(pkt->cmd.Data[0] == 'O'  &pkt->cmd.Data[1] == 'N')
        {
            P1SEL &= ~0x40;
            P1DIR |= 0x40;
            P1_6 = 1;       //有人，继电器闭合
        }
        if(pkt->cmd.Data[0] == 'O' & pkt->cmd.Data[1] == 'F' & pkt->cmd.
Data[1] == 'F')
        {
            P1SEL &= ~0x40;
            P1DIR |= 0x40;
            P1_6 = 0;       //无人，继电器断开
        }
        break;
    }
}
```

4. 下载程序至协调器模块和终端设备模块

（1）选择 CoordinatorEB 选项，单击图 7-22 所示的三角下载按钮，将程序通过 PC 端下载至设备中的协调器模块中。

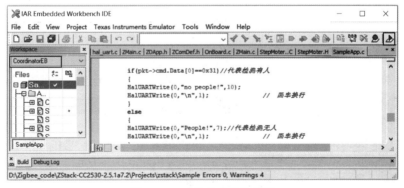

图 7-22　下载程序至协调器

（2）当下载过程中出现图 7-23 所示的界面之后，先单击"全速运行"按钮，再单击打叉按钮 ，完成整个程序的下载。

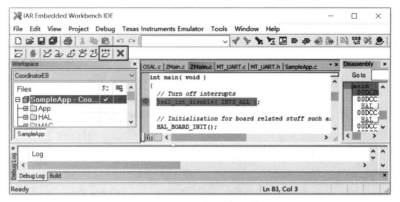

图 7-23 完成程序下载

（3）选择 EndDevice 选项，单击图 7-24 所示的三角下载按钮，将程序通过 PC 端下载至设备中的终端节点模块中。

图 7-24 下载程序至终端节点模块

（4）当下载过程中出现图 7-25 所示的界面之后，先单击"全速运行"按钮，再单击打叉按钮，完成整个程序的下载。

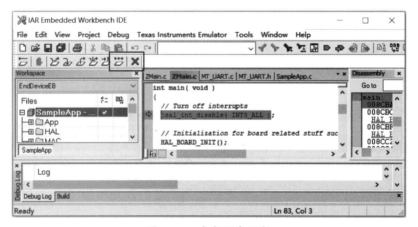

图 7-25 完成程序下载

5. 物联网程序运行效果

（1）通过 USB 线缆分别连接物联网设备协调器模块的 USB 接口和终端节点模块的 USB 接口，当协调器组网成功指示灯点亮，然后终端节点模块加入无线传感网络，这时人体红外传感器周期性地采集人体红外信息显示，运行效果如图 7-26 所示。

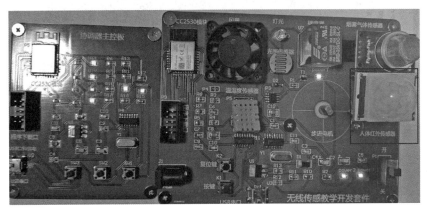

图 7-26 终端模块人体红外信息采集

（2）通过 PC 端串口调试助手实时显示当前人体红外信息，如果当前环境有人显示"People!"，否则显示"no people!"，如图 7-27 所示。

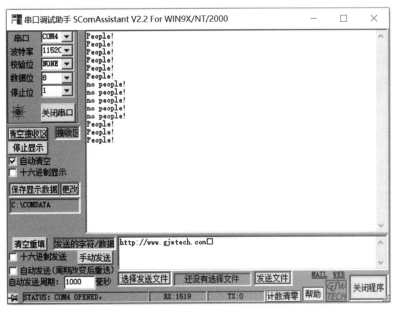

图 7-27 人体红外信息串口显示

（3）协调器周期性地收到终端模块无线传输的人体红外数据信息之后，如果检测当前有人，则继电器闭合，指示灯点亮；否则断开继电器，指示灯熄灭，如图 7-28 所示。

图 7-28　人体红外继电器联动控制

拓 展 任 务

任务描述

通过本项二个任务的人体红外采集控制操作训练，同学们已经掌握了协调器和终端节点组网成功之后，终端节点模块开始周期性的采集热释电人体红外传感器数据，然后以单播方式无线发送至协调器模块，最后协调器通过串口通信显示在 PC 端，并根据有人或无人情况自动实现继电器的闭合或者断开控制操作。本次任务中当协调器组建网络成功之后，将终端设备模块加入无线传感网络，一旦成功加入网络之后，一方面终端节点模块中人体红外传感器周期性地采集人体红外数据无线发送至协调器模块；另一方面协调器根据收到的人体红外数据判断有人或者无人时，自动实现控制 LED 灯，以便能够实现联动控制。

任务要求

（1）串口通信波特率设置为 9600。

（2）协调器和终端设备模块组建无线传感网络成功之后，终端节点模块周期性地将人体红外数据以无线单播方式发送至协调器模块，在 PC 端串口调试工具中实时显示。

（3）协调器根据收到的无线传感网络发送过来的人体红外信息，以判断有人或者无人情况时，自动无线发送命令给终端节点模块，控制 LED 灯开启或者关闭，以实现多级联动控制。

项 目 评 价 表

评价要素		分值	学生自评 30%	项目组互评 20%	教师评分 50%	各项 总分	合计 总分
终端节点人体红外采集协调器串口通信显示	完成代码	10					
	完成终端节点人体红外采集协调器串口通信显示	15					
人体红外采集继电器控制应用	完成代码	10					
	完成人体红外采集继电器控制应用	15					
拓展训练	完成拓展训练	20					
项目总结报告		10	教师评价				
素质考核	工作操守	5					
	学习态度	5					
	合作与交流	5					
	出勤	5					

学生自评签名：

日期：

项目组互评签名：

日期：

教师签名：

日期：

补充说明：